全国中等职业技术学校汽车类专业通用教材

Jixie Shitu Xitiji ji Xitiji Jie

机械识图习题集及习题集解

（第二版）

冯建平　郑小玲　主　编
江爱平　副主编

人民交通出版社股份有限公司
China Communications Press Co.,Ltd.

内 容 提 要

本书是全国中等职业技术学校汽车类专业通用教材,根据《机械识图》内容编写而成。本书分习题集和习题集解两部分,与《机械识图》配套使用。主要内容包括:图样的基本知识、投影作图、机件形状的表达方法、零件图、常用零件的画法、装配图,共计 6 个单元。

本书供中等职业学校汽车类专业教学使用,亦可供汽车维修相关专业人员学习参考。

全国中等职业技术学校汽车类专业通用教材

书　　名:机械识图习题集及习题集解(第二版)

著 作 者:冯建平　郑小玲

责任编辑:闫东坡

出版发行:人民交通出版社股份有限公司

地　　址:(100011)北京市朝阳区安定门外外馆斜街 3 号

网　　址:http://www.ccpress.com.cn

销售电话:(010)59757973

总 经 销:人民交通出版社股份有限公司发行部

经　　销:各地新华书店

印　　刷:北京市密东印刷有限公司

开　　本:787 × 1092　1/16

印　　张:11.5

字　　数:269 千

版　　次:2004 年 9 月　第 1 版
　　　　　2016 年 10 月　第 2 版

印　　次:2020 年 8 月　第 2 版　第 4 次印刷　累计第 21 次印刷

书　　号:ISBN 978-7-114-13350-3

定　　价:25.00 元

(有印刷、装订质量问题的图书由本公司负责调换)

图书在版编目(CIP)数据

机械识图习题集及习题集解 / 冯建平,郑小玲主编. —2 版. —北京:人民交通出版社股份有限公司, 2016.10

ISBN 978-7-114-13350-3

Ⅰ. ①机…　Ⅱ. ①冯…　②郑…　Ⅲ. ①机械图—识图—中等专业学校—题解　Ⅳ. ①TH126.1-44

中国版本图书馆 CIP 数据核字(2016)第 229327 号

第二版前言

FOREWORD

为适应社会经济发展和汽车运用与维修专业技能型紧缺人才培养的需要，交通职业教育教学指导委员会汽车(技工)专业指导委员会于2004年陆续组织编写了汽车维修、汽车电工、汽车检测等专业技工教材、高级技工教材及技师教材，受到广大中等职业学校师生的欢迎。

随着职业教育教学改革的不断深入，中等职业学校对课程结构、课程内容及教学模式提出了更高的要求。《教育部关于深化职业教育教学改革全面提高人才培养质量的若干意见》提出："对接最新职业标准、行业标准和岗位规范，紧贴岗位实际工作过程，调整课程结构，更新课程内容，深化多种模式的课程改革"。为此，人民交通出版社股份有限公司根据教育部文件精神，在整合已出版的技工教材、高级技工教材及技师教材的基础上，依据教育部颁布的《中等职业学校汽车运用与维修专业教学标准(试行)》，组织中等职业学校汽车专业教师再版修订了全国中等职业技术学校汽车类专业通用教材。

此次再版修订的教材总结了全国技工学校、高级技工学校及技师学院多年来的汽车专业教学经验，将职业岗位所需要的知识、技能和职业素养融入汽车专业教学中，体现了中等职业教育的特色。教材特点如下：

1."以服务发展为宗旨，以促进就业为导向"，加强文化基础教育，强化技术技能培养，符合汽车专业实用人才培养的需求；

2.教材修订符合中等职业学校学生的认知规律，注重知识的实际应用和对学生职业技能的训练，符合汽车类专业教学与培训的需要；

3.教材内容与汽车维修中级工、高级工及技师职业技能鉴定考核相吻合，便于学生毕业后适应岗位技能要求；

4. 依据最新国家及行业标准，剔除第一版教材中陈旧过时的内容，教材修订量在20%以上，反映目前汽车的新知识、新技术、新工艺；

5. 教材内容简洁，通俗易懂，图文并茂，易于培养学生的学习兴趣，提高学习效果。

《机械识图习题集及习题集解》与《机械识图》配套使用，教材主要内容包括：图样的基本知识、投影作图、机件形状的表达方法、零件图、常用零件的画法、装配图，共计6个单元。全书图例均采用三视图与轴测图穿插应用、并列对照。注意零件与部件、汽车零件与装配图的有机结合，尽量采用汽车零件图、装配图等图样。

本书由浙江交通技师学院冯建平、郑小玲、江爱平编写，冯建平、郑小玲担任主编，江爱平担任副主编。编写分工为：冯建平编写单元一；郑小玲编写单元二、单元三、单元四；江爱平编写单元五、单元六。

限于编者经历和水平，教材内容难以覆盖全国各地中等职业学校的实际情况，希望各学校在选用和推广本系列教材的同时，注重总结教学经验，及时提出修改意见和建议，以便再版修订时改正。

编　者

2016年9月

目　录

CONTENTS

机械识图习题集

机械识图习题集解

机械识图习题集

单元一　图样的基本知识

1-1　简答下列问题
1. 图的作用主要是用于表达物体的什么？
2. 工程图样有何用处？
3. 按图的画法方式，机械工程常用的图样类型分有哪几种？
4. 机械工程常用的图样类型分有几种？
5. 图样中点、线、数字及文字的作用分别是什么？

1-2 简答下列问题

1. 什么叫图线?

2. 图线是组成图形的基本要素,举例说明三种常用的基本线型及用途。

3. 同一图样中,图线宽度的选择方法有哪些?

4. 找出下列 a)、b)图形中的图线错误画法,在其右边画出正确的图线图形。

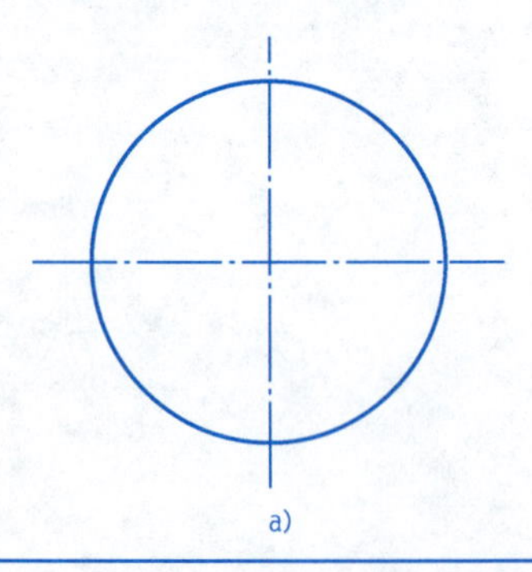

a)

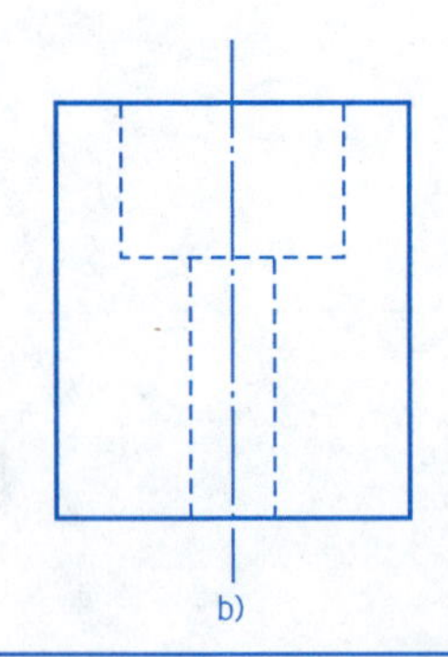

b)

1-3 图线练习、字体练习

字体端正笔划清楚排列整齐长仿宋字体正确整洁合乎标准

ABCDEFGHIJKLMNOPQRSTUVWXYZ

abcdefghijklmnopqrstuvwxyz

1-4 尺寸注法练习

1. 填写尺寸数值（从图中量取整数标注）。

（1）

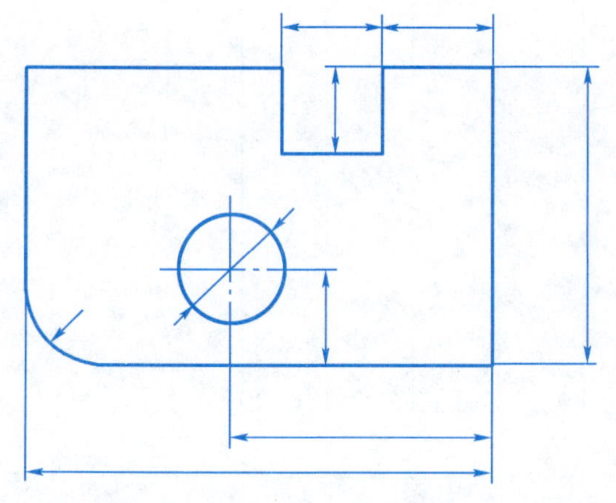

（2）

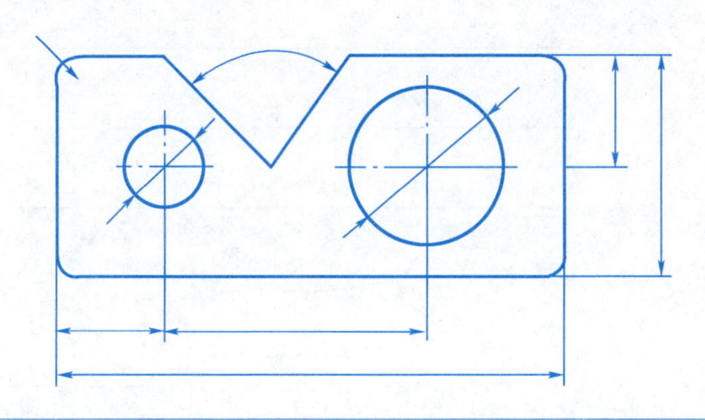

2. 标注圆的直径尺寸。

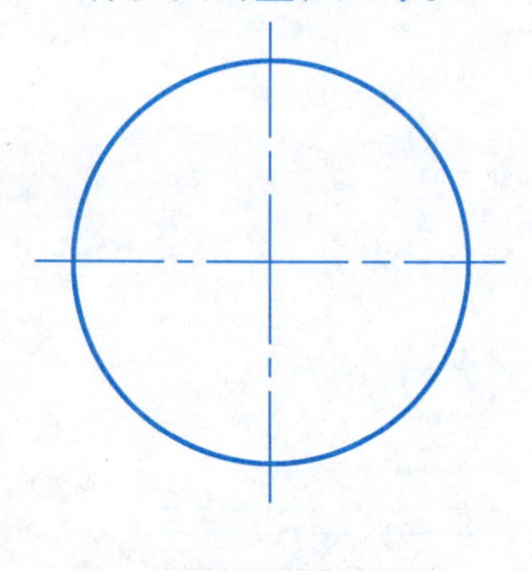

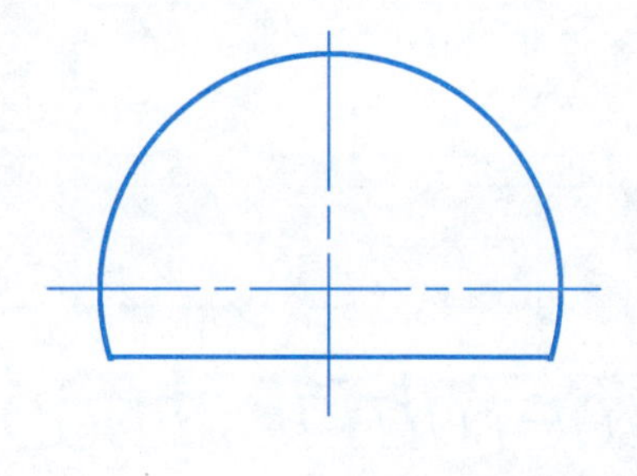

3. 标注圆弧的半径尺寸。

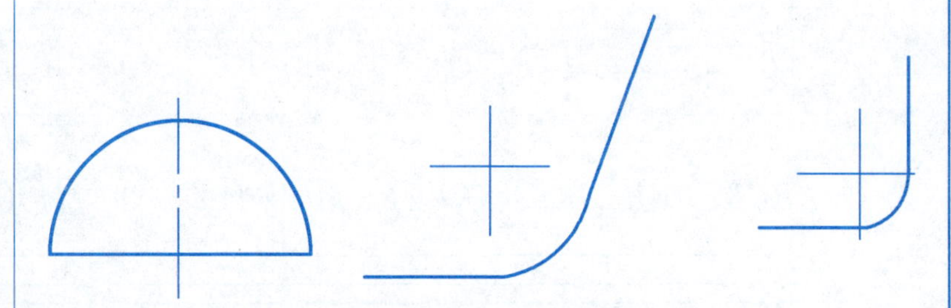

1-5 尺寸注法练习

1. 找出图中尺寸标注的错误，并在另一图中正确注出。

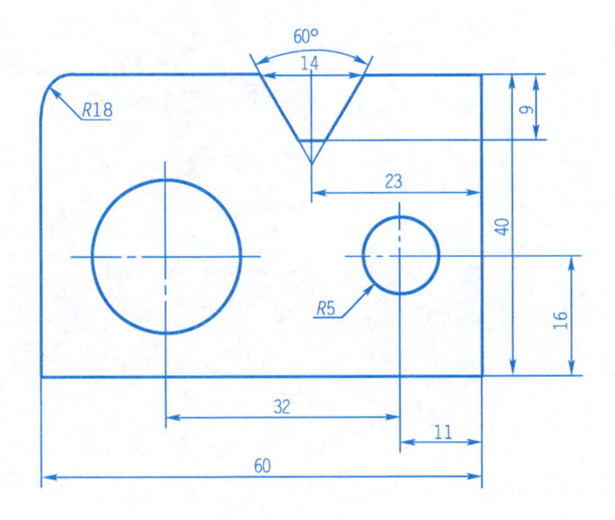

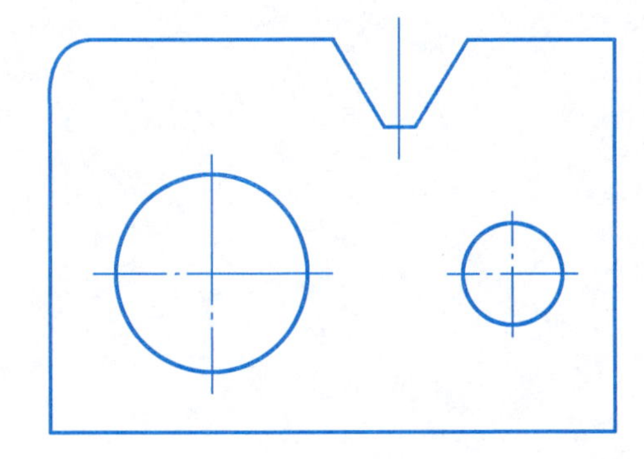

2. 标注尺寸（从图中量取整数标注）。

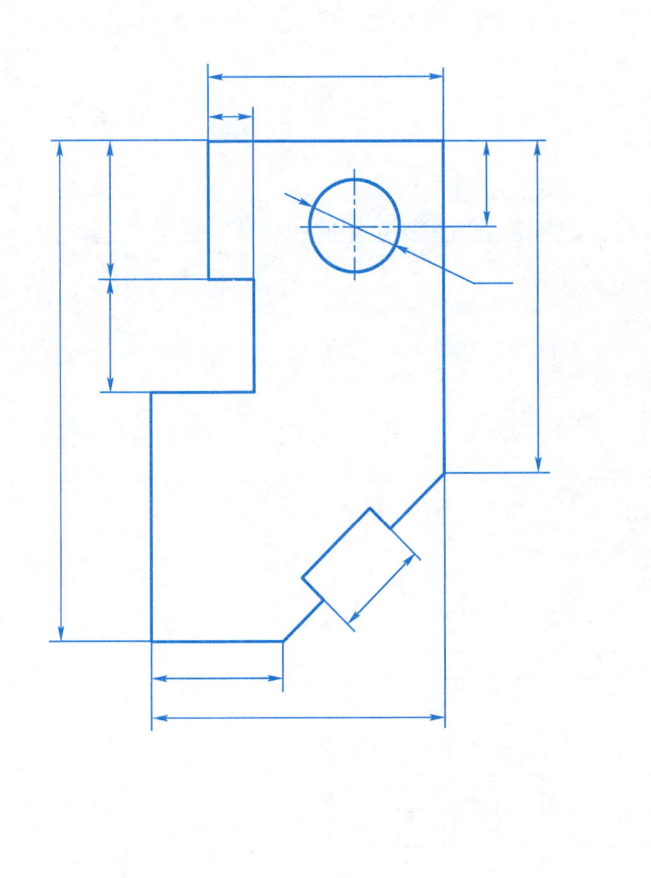

1-6 简答题

1. 国家标准规定图纸幅面有几种?

2. 比例的概念是什么?常用的比例有哪些类型?

3. 请用 1:1 和 1:2 的比例,绘制下列图形。

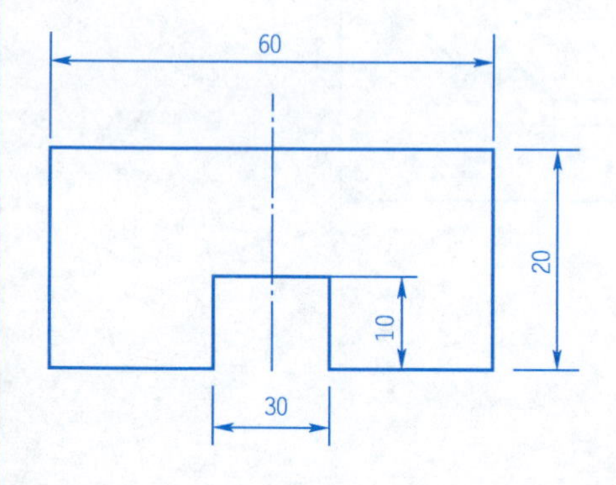

1-7　斜度和锥度练习

1. 参照所示图形，按所示数值完成图形，并标注尺寸和斜度代号。

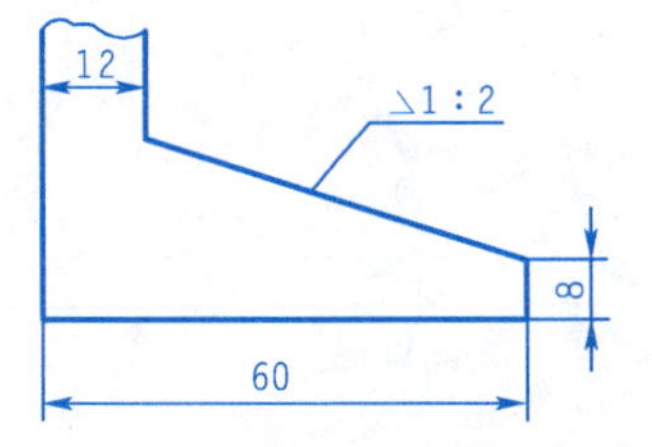

2. 参照所示图形，按所示的数值画全图形轮廓，并标注尺寸和锥度代号。

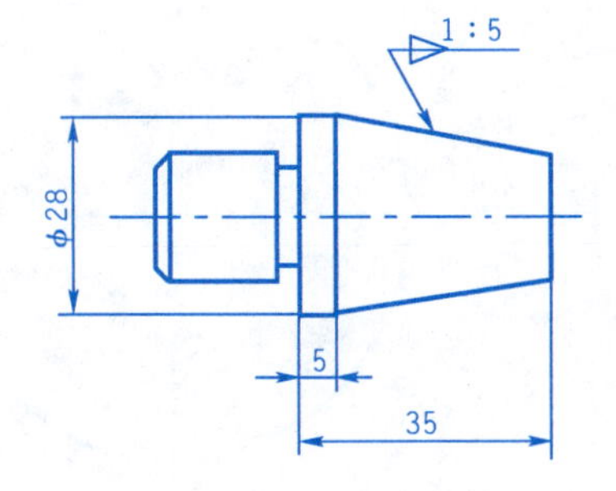

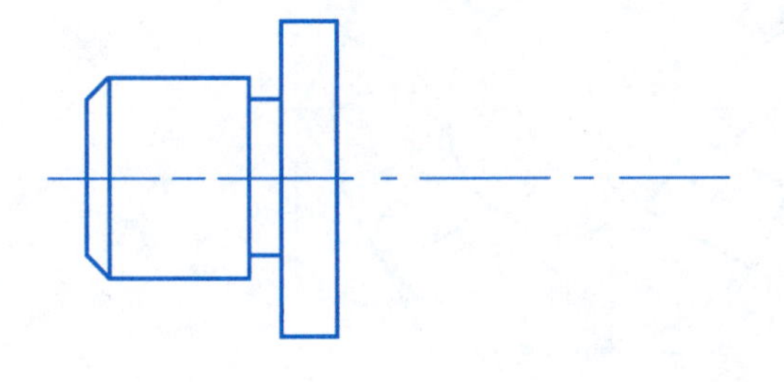

1-8　等分圆周、几何作图练习

1. 作图。

(1)作圆的内接正六边形。

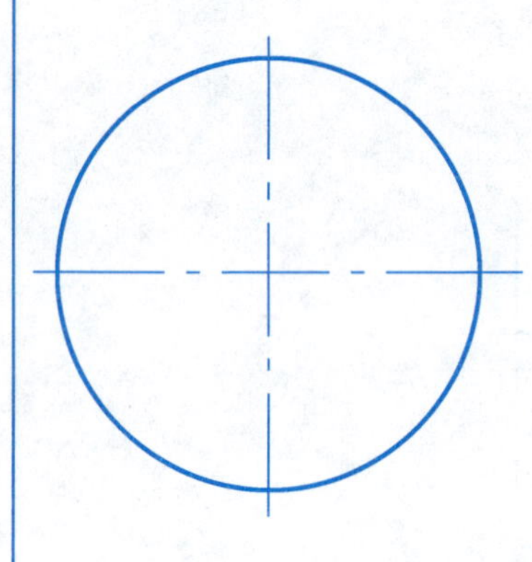

(2)作圆的内接正三、十二边形。

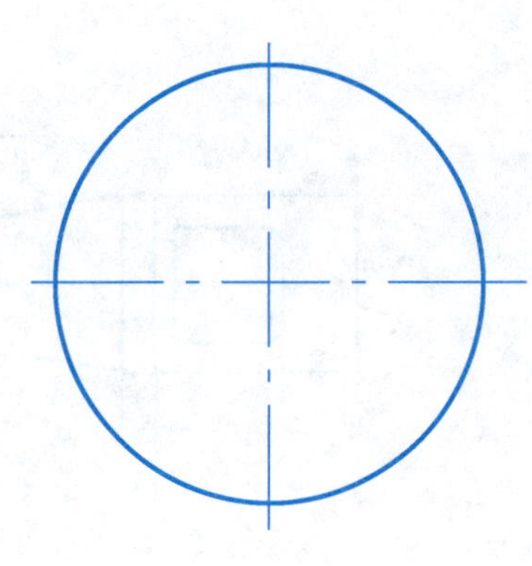

(3)作圆的内接正四、八边形。

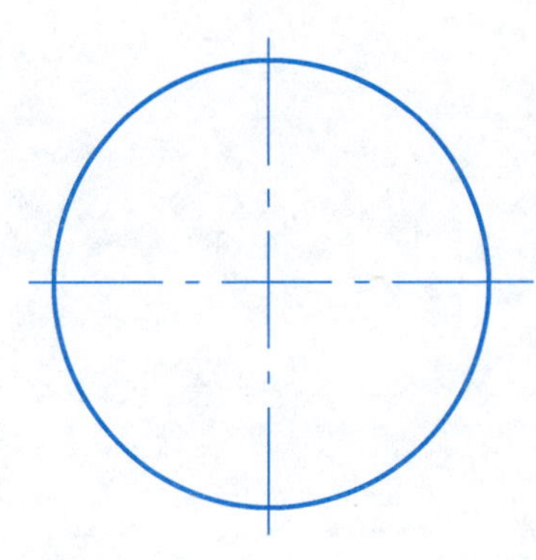

(4)作圆的内接正五边形。

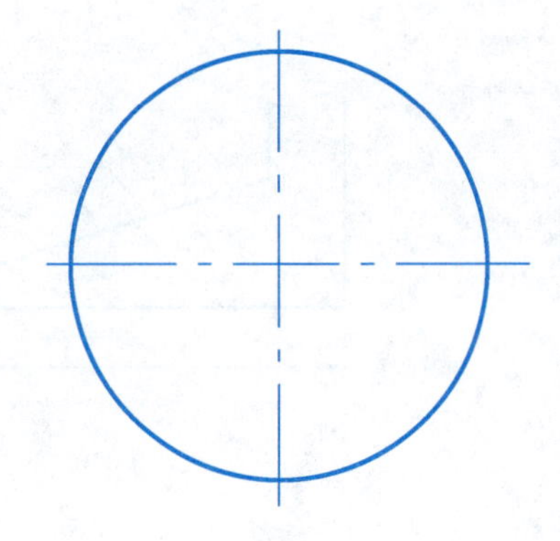

2. 按 1:1 比例抄画下面图形，并标注尺寸。

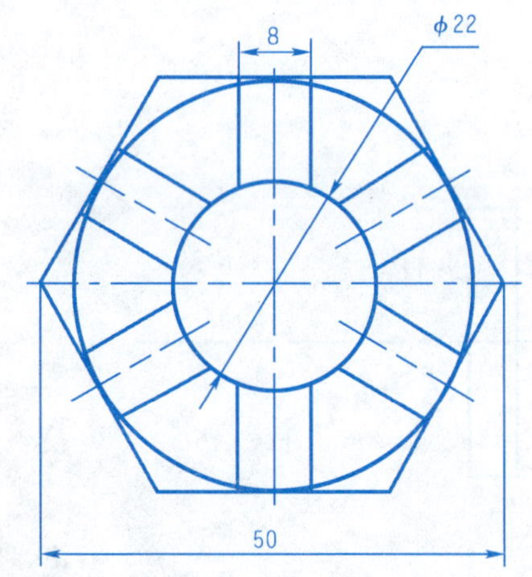

1-9 参考图例，按所给的 R 尺寸，完成圆弧连接

1. 两直线的圆弧连接。

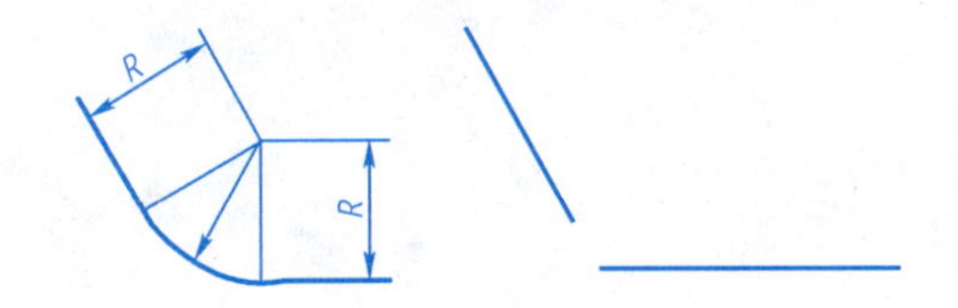

3. 直线与圆弧间的圆弧连接。

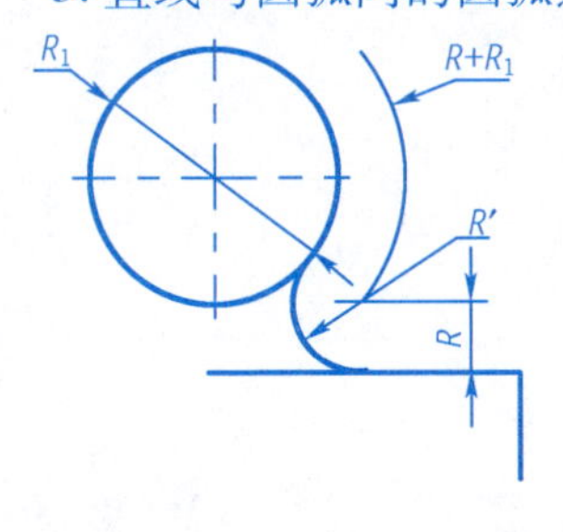

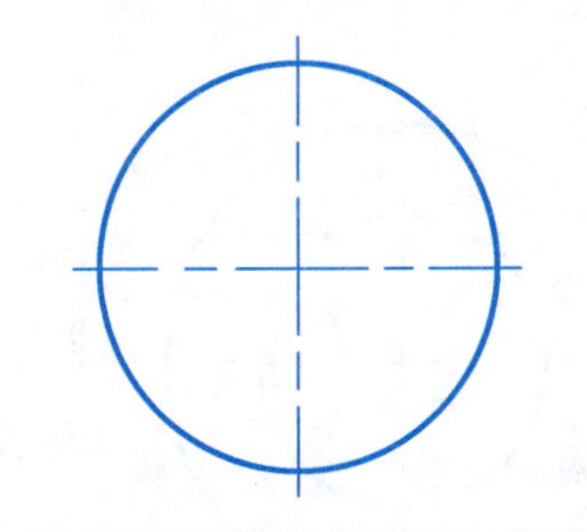

2. 两圆弧间内切与外切的圆弧连接。

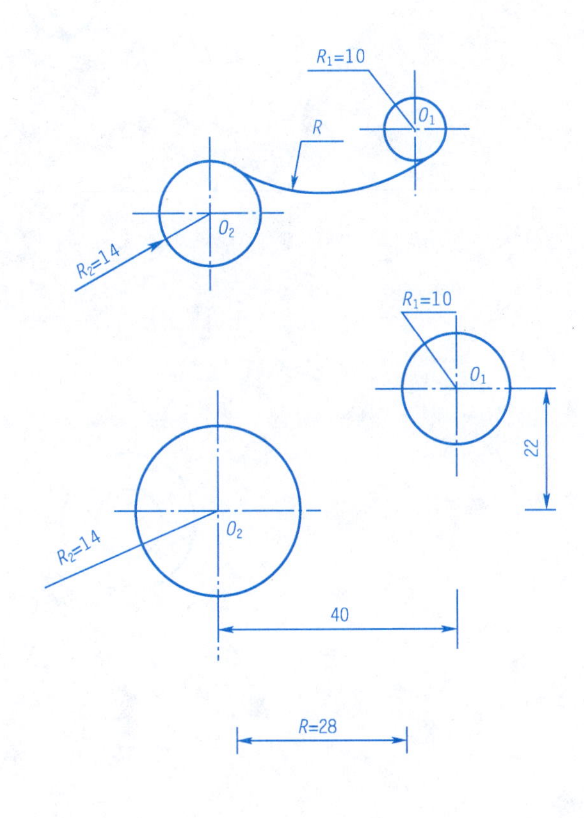

1-10 已知连接圆弧半径 *R*50 和 *R*28，完成下列图形的圆弧连接，标出圆心和切点（保留作图线）

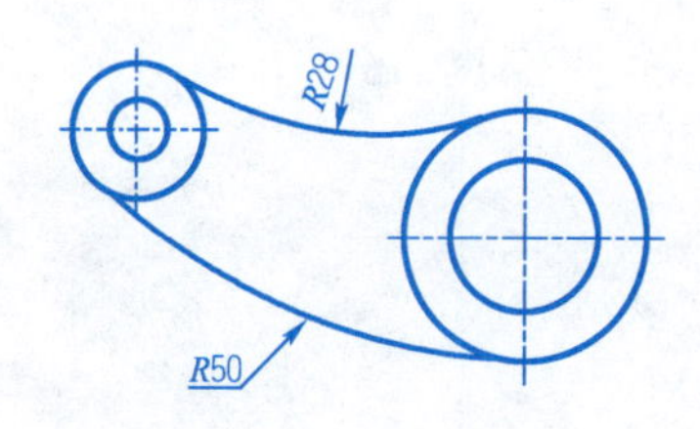

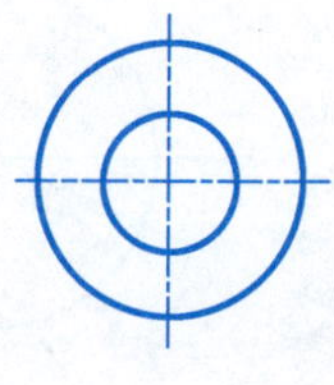

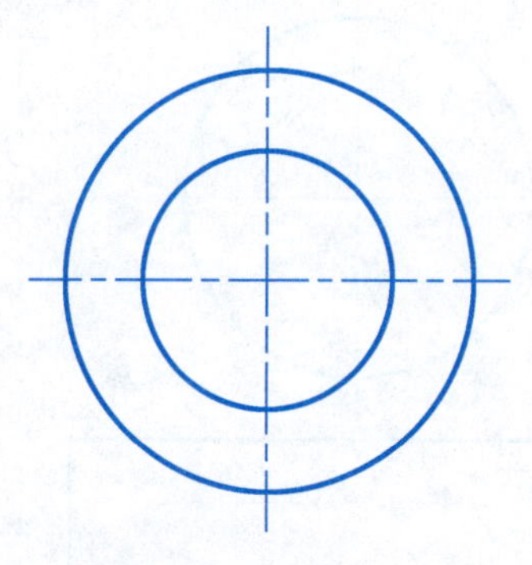

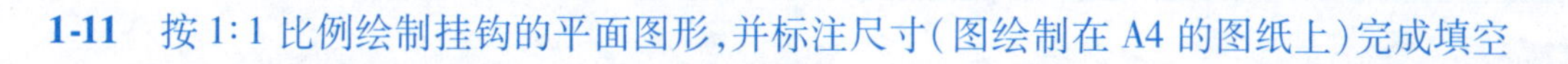

1-11 按 1:1 比例绘制挂钩的平面图形，并标注尺寸（图绘制在 A4 的图纸上）完成填空

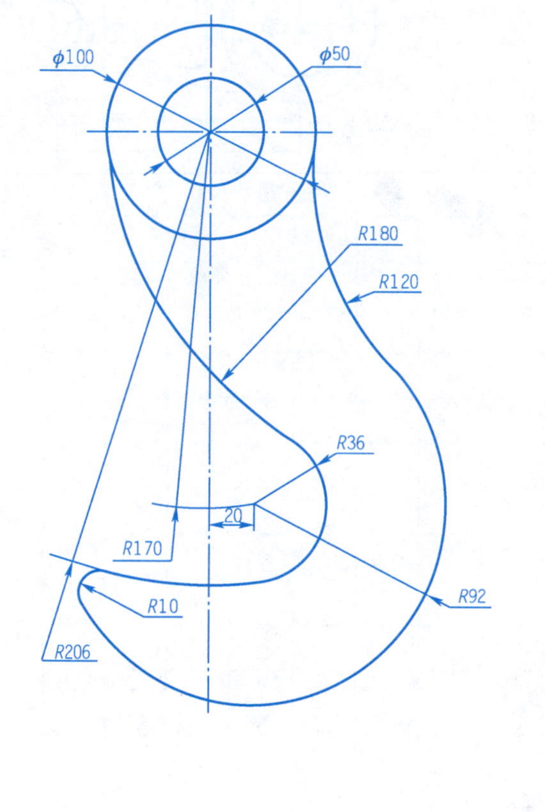

1. 分析图形中的线段。

（1）已知线段有＿＿。

（2）中间线段有＿＿。

（3）连接线段＿＿。

2. 分析图形中的尺寸。

（1）定形尺寸有＿＿。

（2）定位尺寸有＿＿。

1-12 徒手画出下列图形(比例 1∶2)

□24
ϕ68
ϕ40
ϕ25
ϕ10
60°
100
32
ϕ20
ϕ13
5
R4
R2
ϕ28
ϕ42
25
28
66

单元二　投影作图

2-1　投影知识练习，请简答下列问题
1. 投影法的分类有哪些？
2. 三视图三个投影面的组成及中文、英文名称分别是什么？
3. 三视图中每个视图的名称分别是什么？
4. 三视图中每个视图分别表示了哪两个方向的尺寸？
5. 在 V、W、H、三维体系中，平行 X 轴量的是哪个方向的尺寸？平行 Y 轴量的是哪个方向的尺寸？平行 Z 轴量的是哪个方向的尺寸？

2-2 对照直观图，在(　)内填写物体的方位

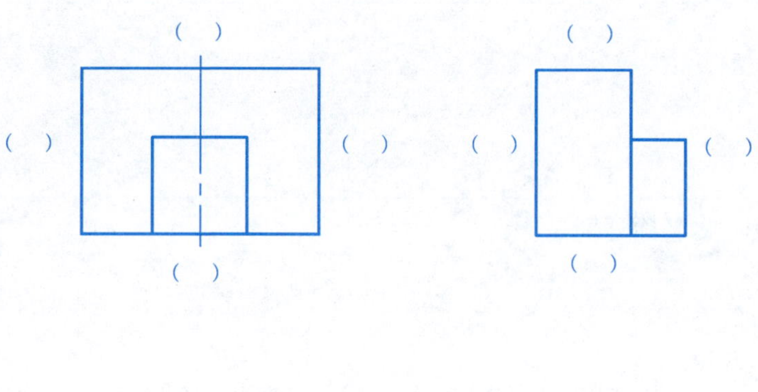

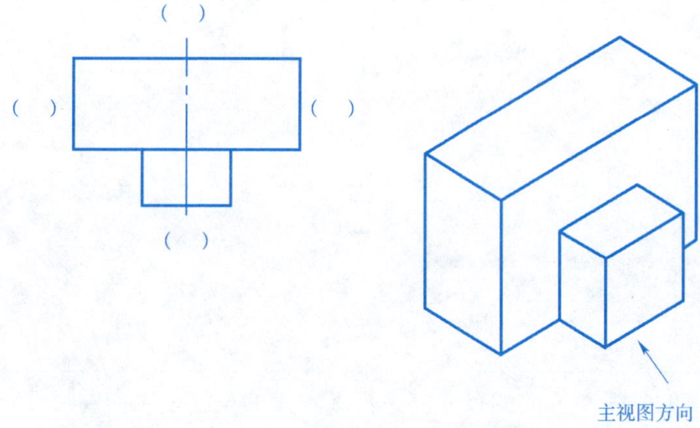

2-3 识读以下各组视图，并将上方对应的轴测图序号填在圆圈内

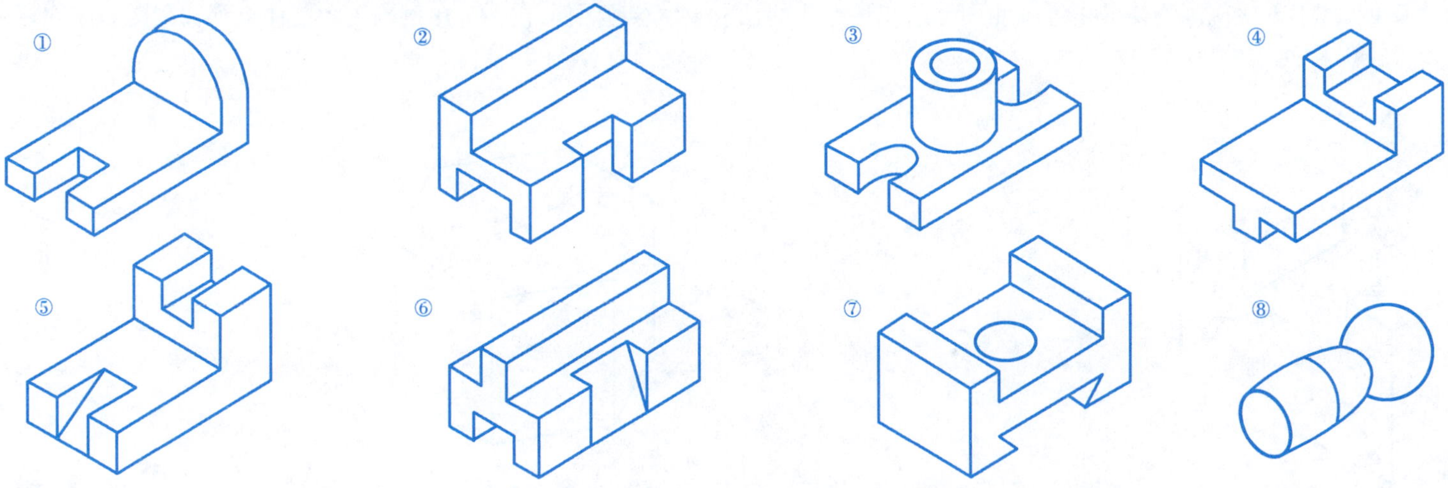

①

②

③

④

⑤

⑥

⑦

⑧

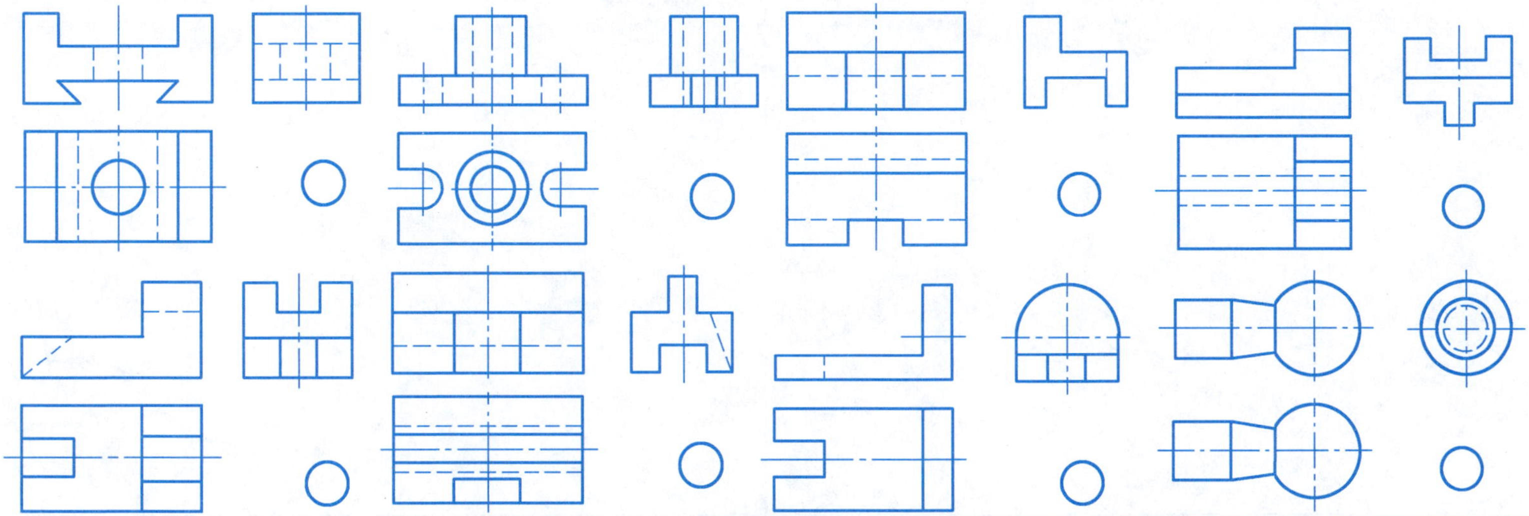

2-4 画平面立体正等轴测图(保留作图线,加粗可见的轮廓线)

1. 参考图例,按 1∶1 比例画物体的正等轴测图。已知长方体的长 40、宽 20、高 30,中间槽长 20、深 12。

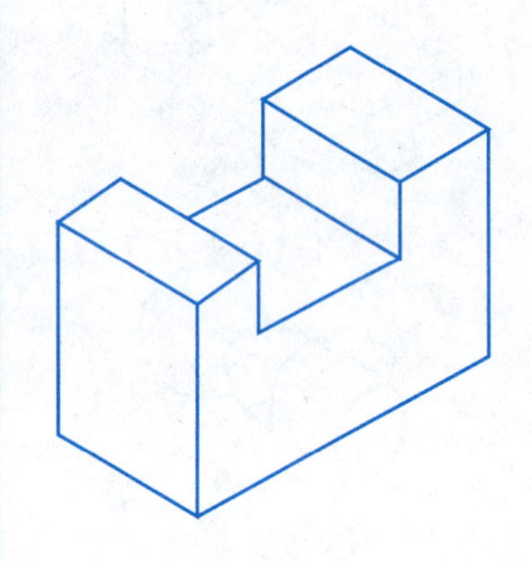

2. 参考图例,按 1∶1 比例画正六棱柱正等轴测图。已知正六棱柱外接圆直径 34 和柱体高 60。

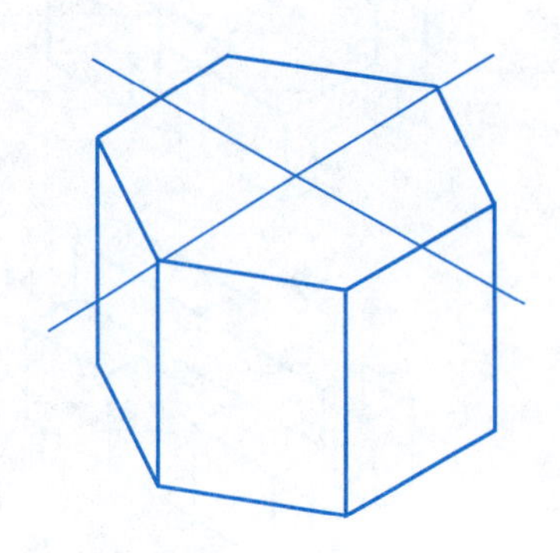

2-5 读三视图画平面立体正等测轴测图(一)

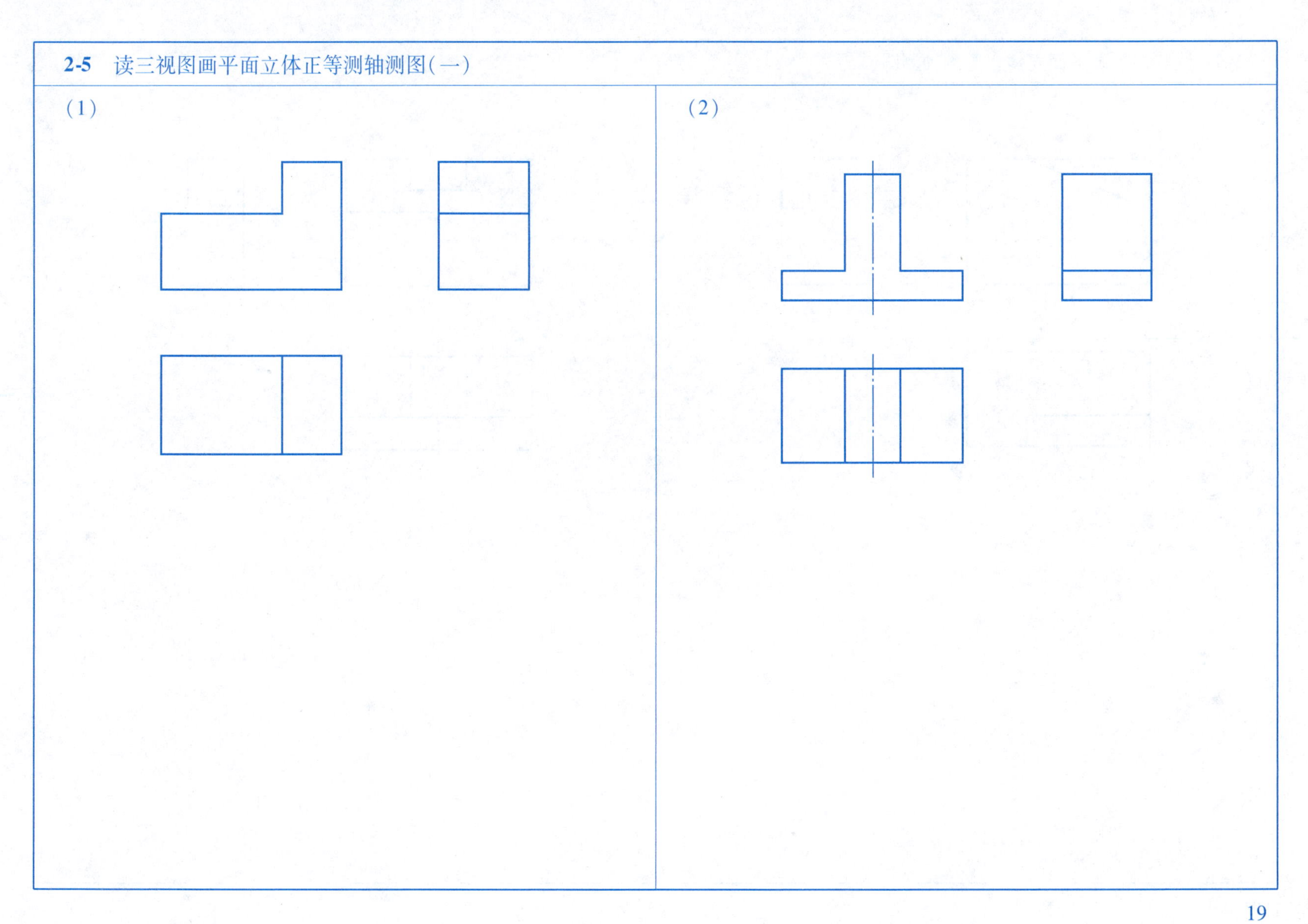

2-6 读三视图画平面立体正等测轴测图(二)

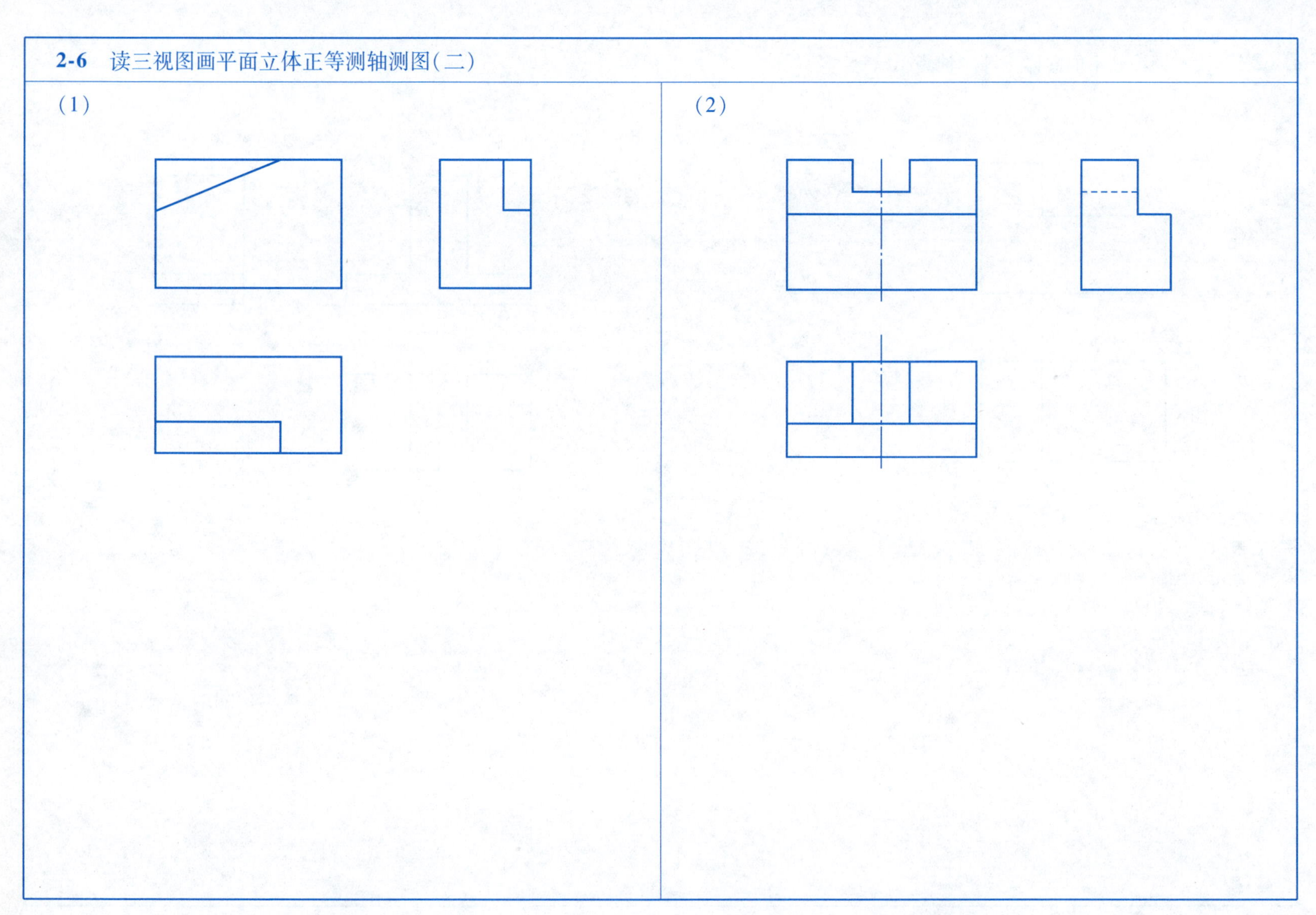

2-7 参考图例，根据所给尺寸条件，按 1∶1 比例画斜二测图

(1)已知圆柱的直径 30，宽度方向尺寸为 40。	(2)已知外圆柱面直径 30，内孔圆的直径 16，圆心到底面的高 36，宽度方向尺寸 20。
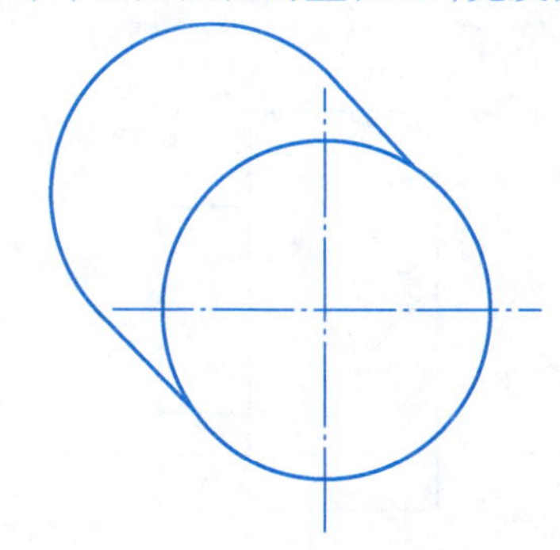	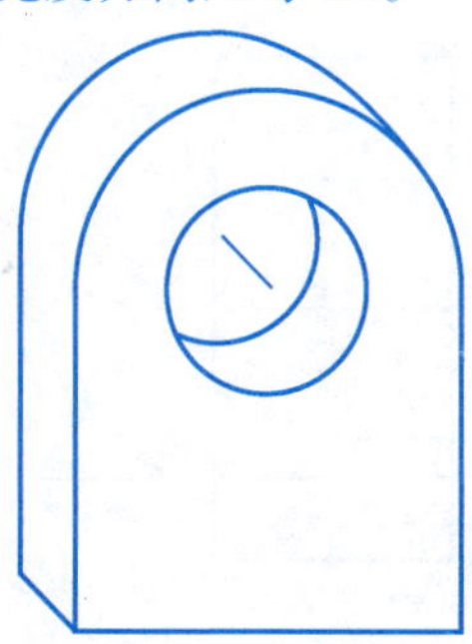

2-8 读三视图画斜二测轴测图

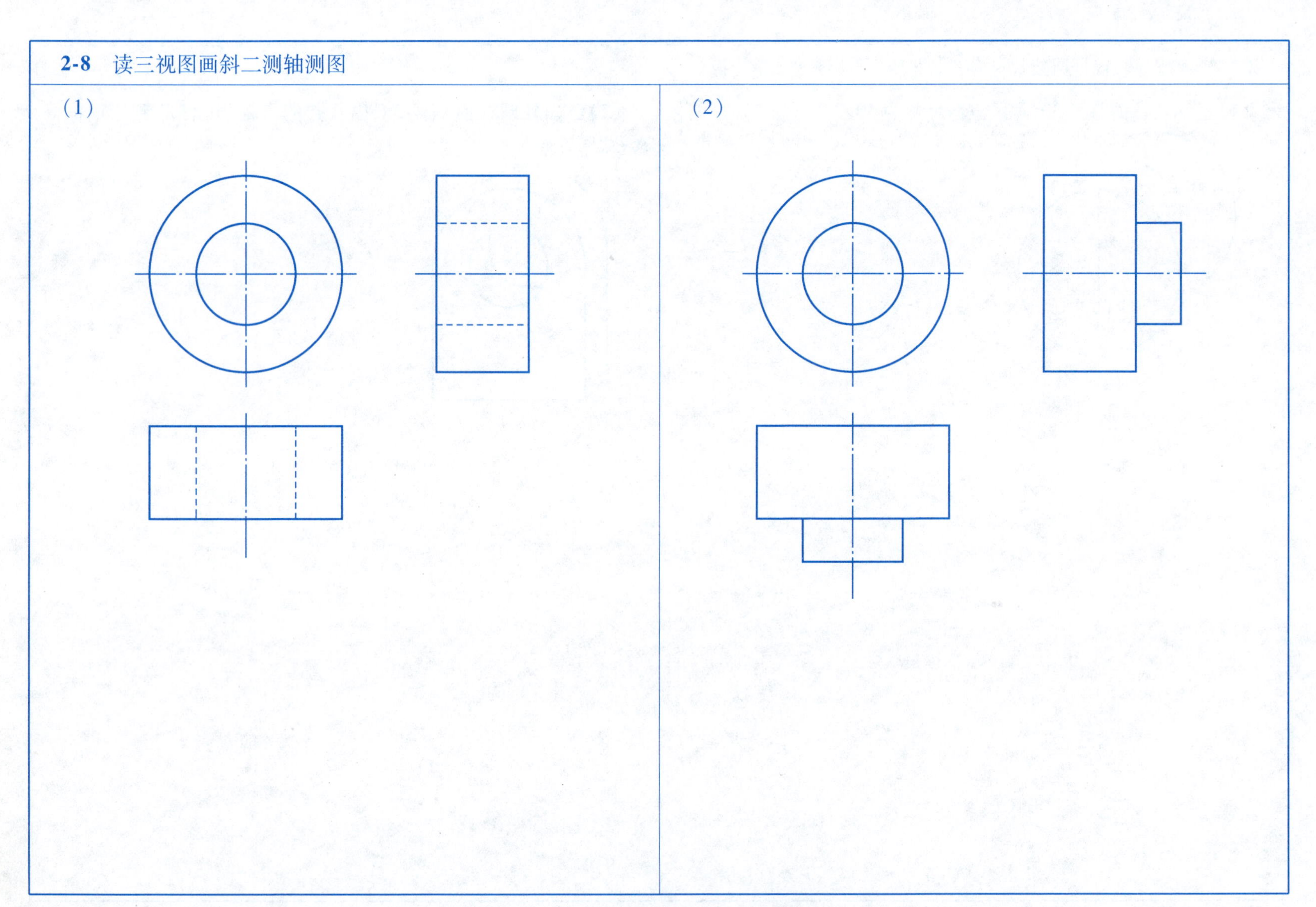

2-9　点的投影练习

（1）根据点的两面投影作第三投影，并正确标注。判断 A、B 两点的空间位置。

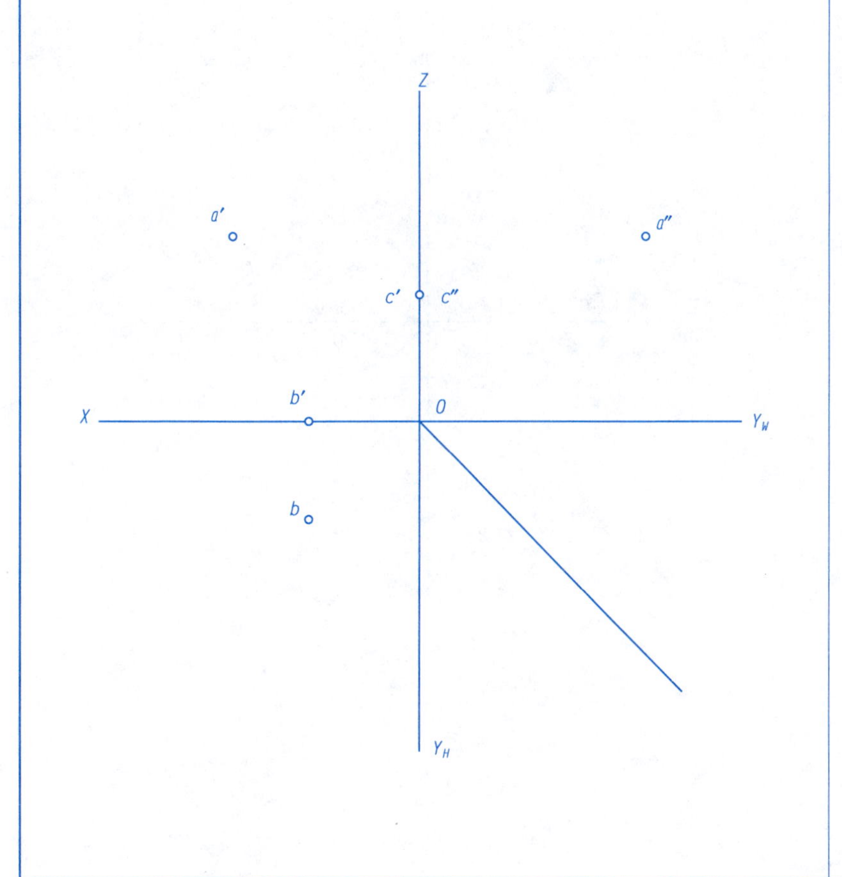

（2）已知点 $A(25,28,22)$、$B(15,12,26)$，画出 A、B 两点的三面投影，并正确标注。判断两点的空间位置。

2-10 已知一个点的三面投影，根据题意求作另外一个点的三面投影，并正确标注

(1) B 点在 A 点之右 15、之后 20、之下 10。

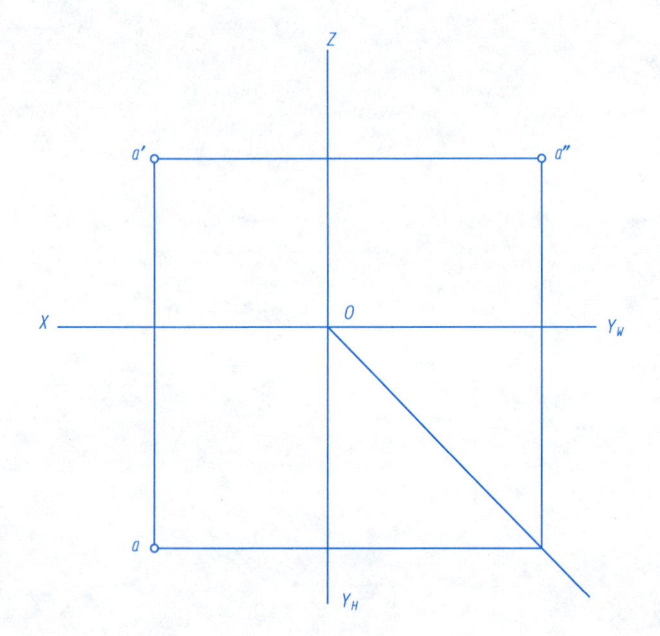

(2) B 点在 A 之左 10,、之前 17、之上 22。

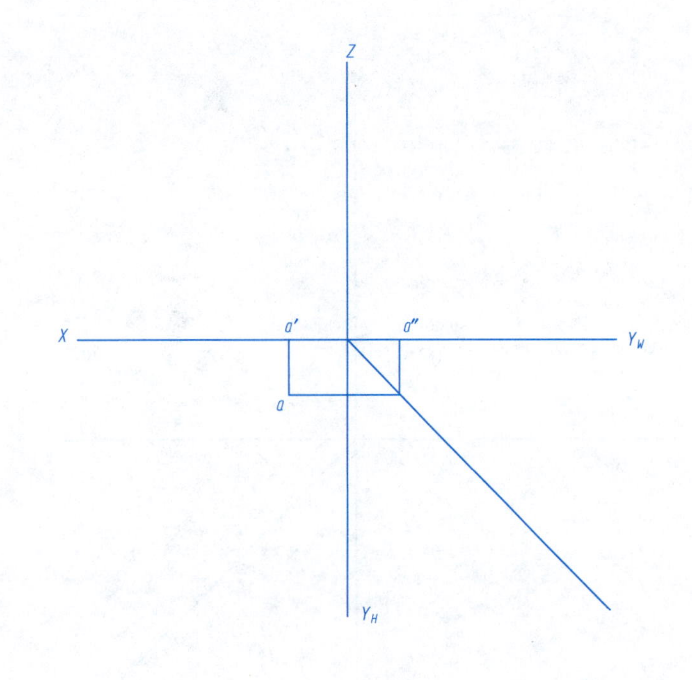

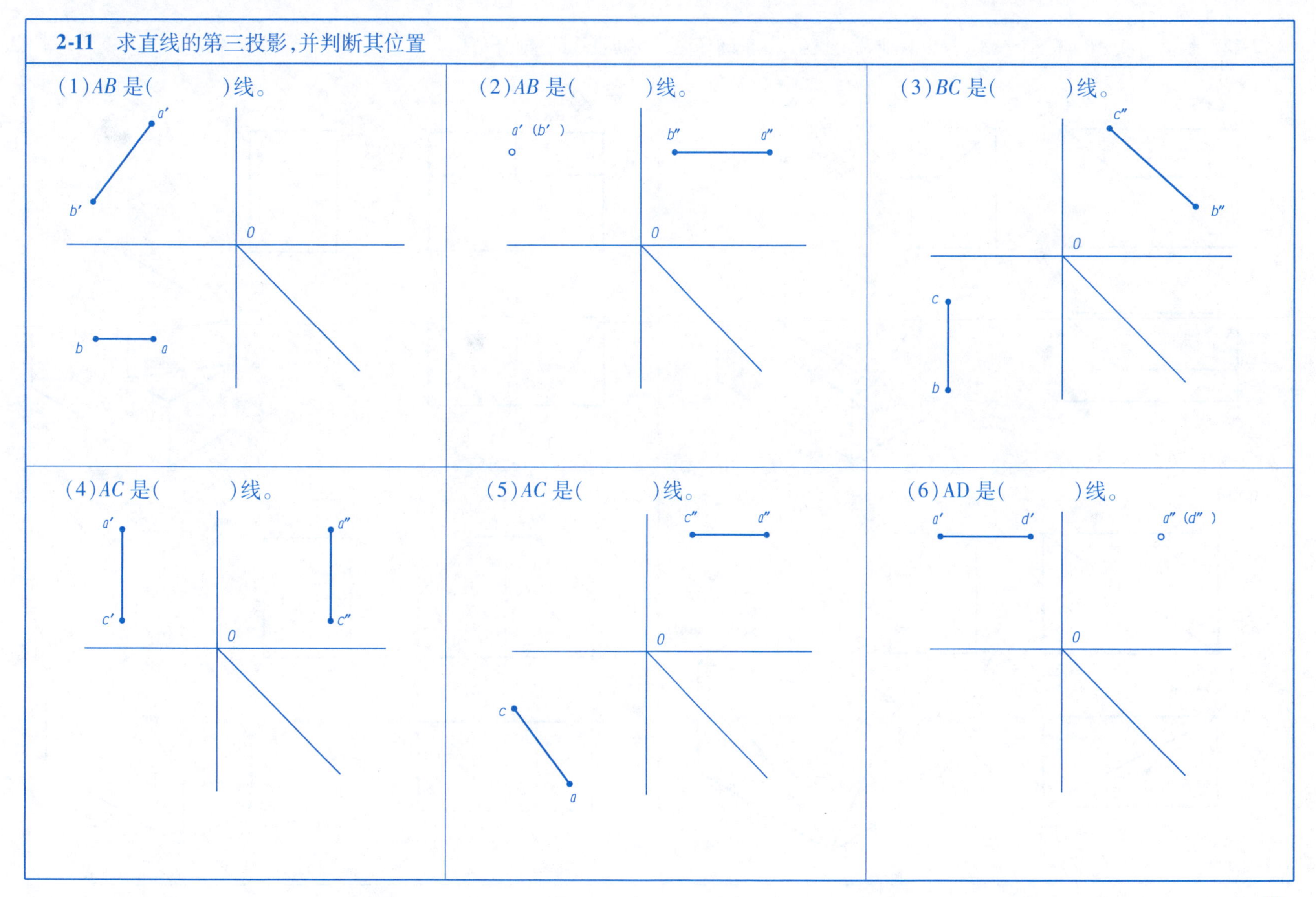

2-11 求直线的第三投影，并判断其位置
(1)AB 是(   )线。
a′
b′
0
b
a
(2)AB 是(   )线。
a′ (b′)
b″
a″
0
(3)BC 是(   )线。
c″
b″
0
c
b
(4)AC 是(   )线。
a′
a″
c′
c″
0
(5)AC 是(   )线。
c″
a″
0
c
a
(6)AD 是(   )线。
a′
d′
a″ (d″)
0

2-12 根据直线 *AB* 的一个投影，找出其他两个投影，并正确标注。判断直线的空间位置

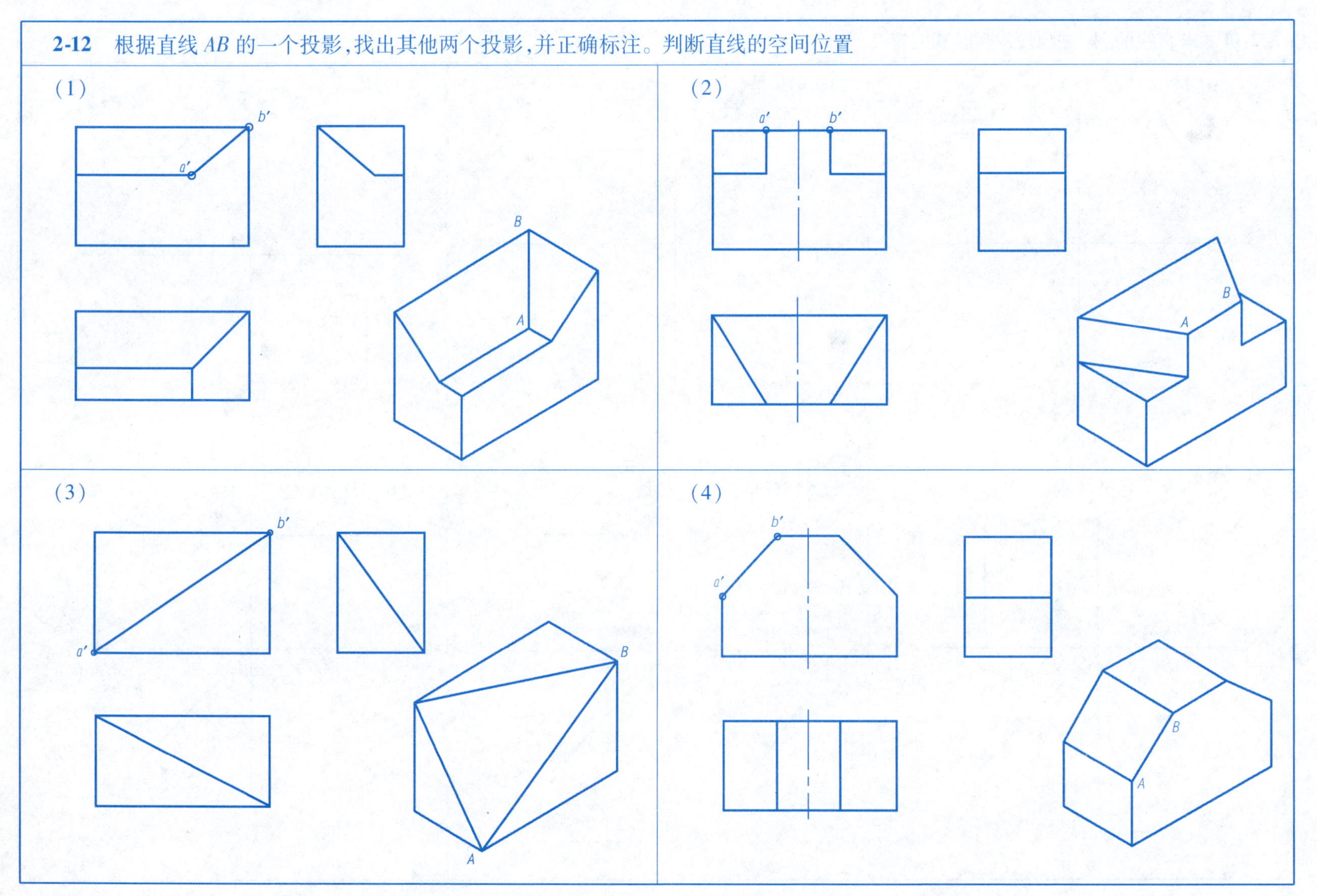

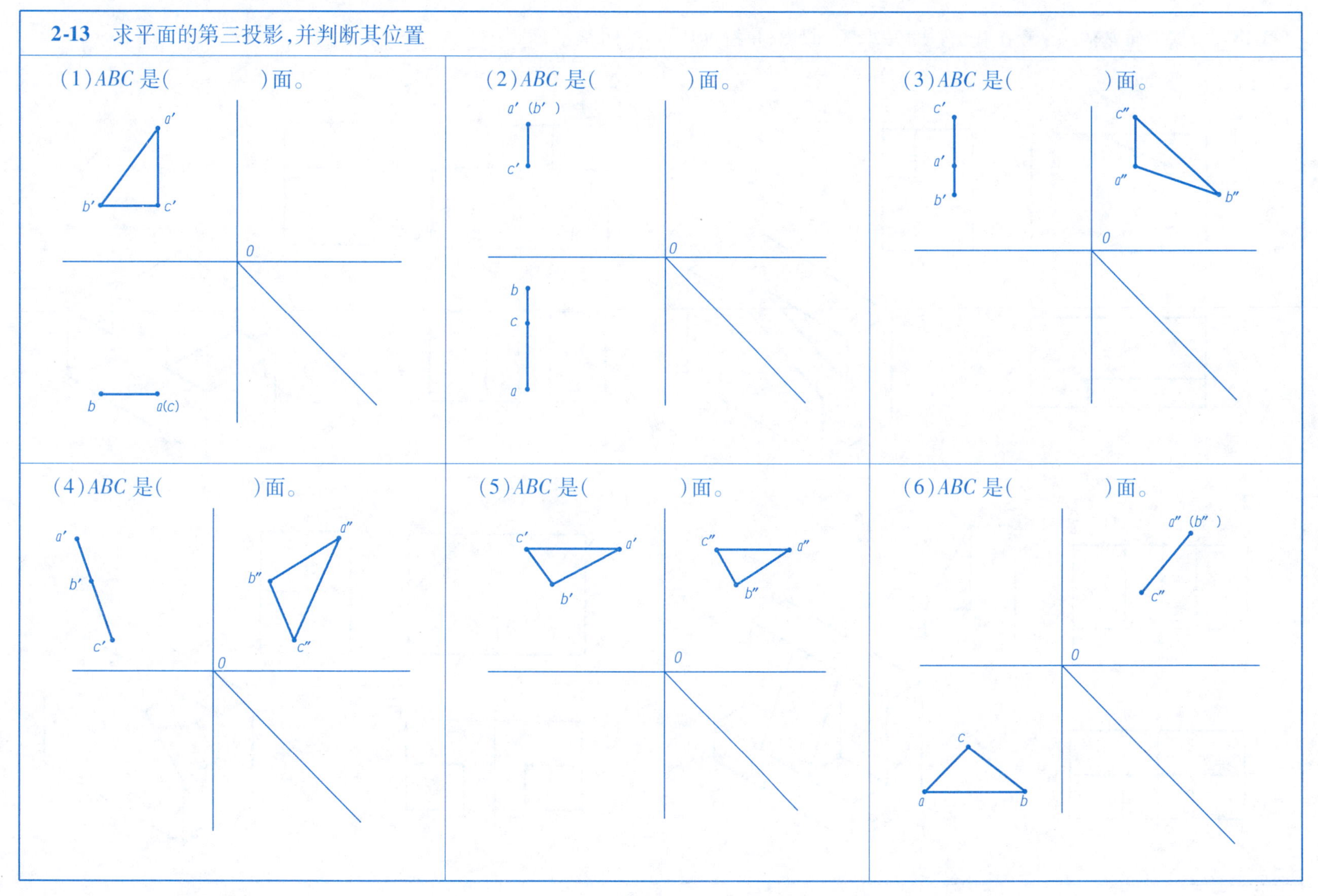
2-13 求平面的第三投影，并判断其位置
(1) ABC 是(　　　　　)面。
a′
b′
c′
0
b
a(c)
(2) ABC 是(　　　　　)面。
a′ (b′)
c′
0
b
c
a
(3) ABC 是(　　　　　)面。
c′
a′
b′
c″
a″
b″
0
(4) ABC 是(　　　　　)面。
a′
b′
c′
a″
b″
c″
0
(5) ABC 是(　　　　　)面。
c′
a′
b′
c″
a″
b″
0
(6) ABC 是(　　　　　)面。
a″ (b″)
c″
0
c
a
b

2-14 根据平面 P 的一个投影找出它的另外两个投影，并判断 P 的空间位置

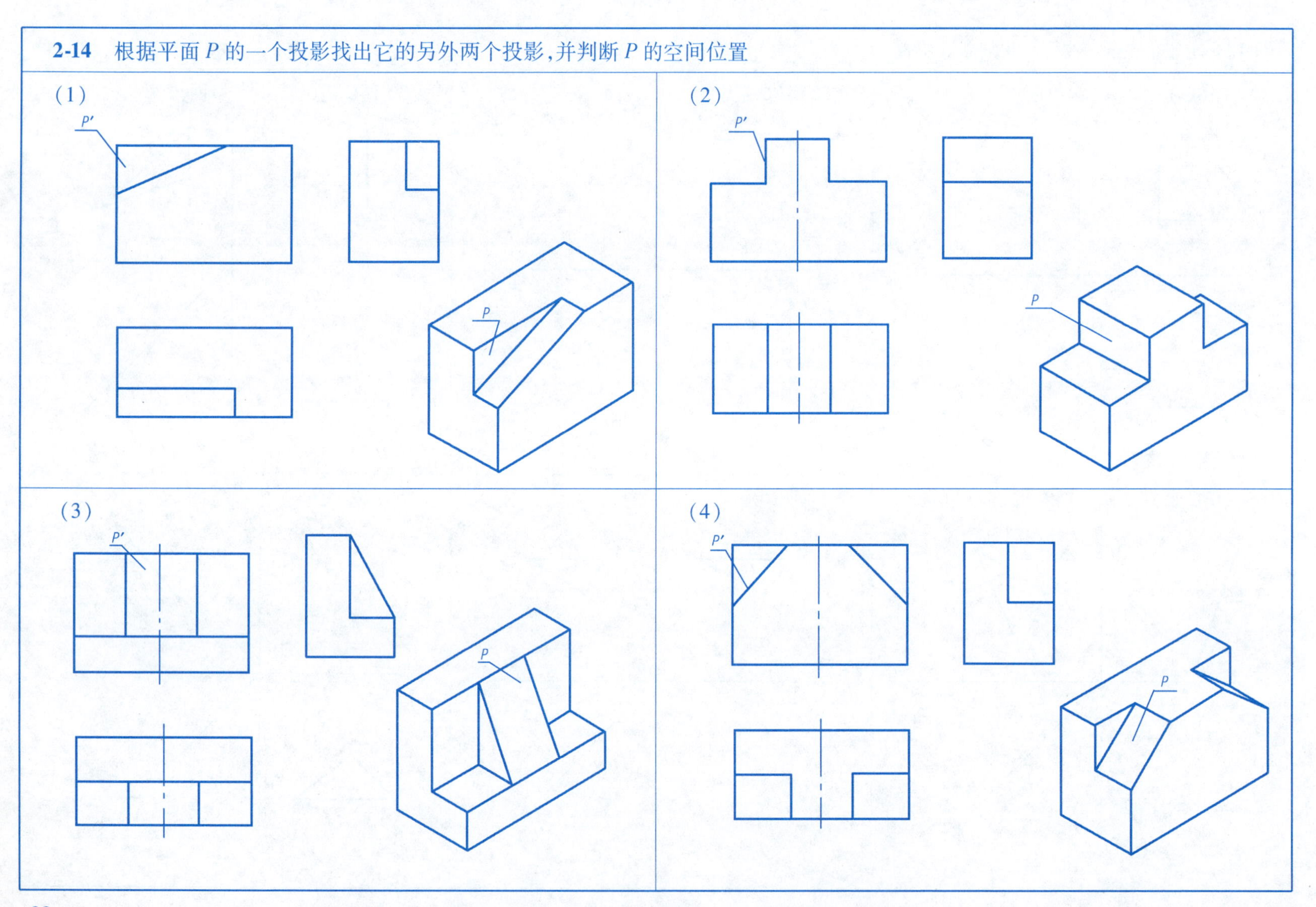

2-15 已知几何体的一个视图，完成另外两个方向的视图(未知尺寸从图中量取)

(1)已知正三棱柱的俯视图，高度尺寸40，补画主视图和左视图。

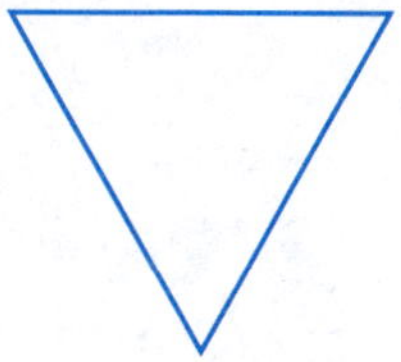

(2)已知五棱柱的俯视图，高度40，补画主视图和左视图。

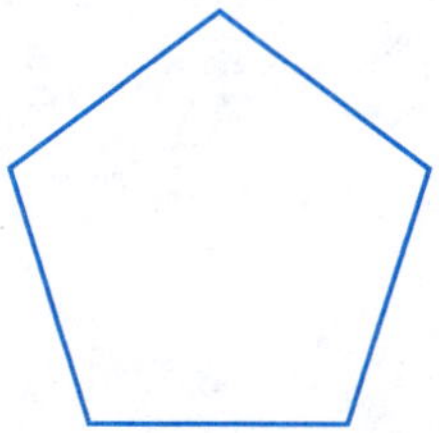

2-16 已知几何体的一个视图，完成另外两个方向的视图，并标注尺寸（未知尺寸从图中量取）

（1）已知正三棱锥的俯视图，棱锥高度尺寸40，完成另外两个视图。

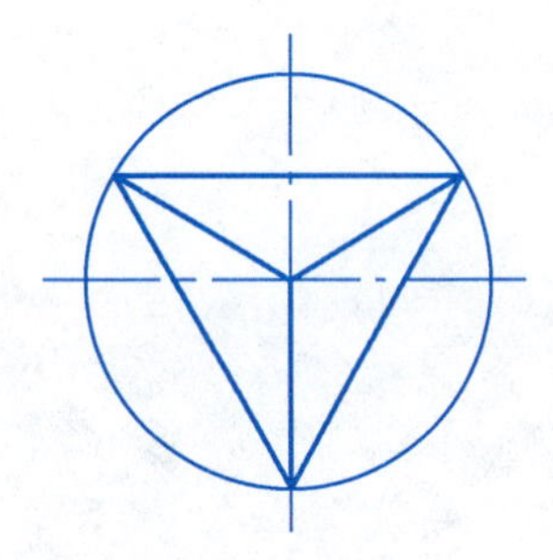

（2）已知正四棱台的左视图，棱台长度尺寸20，完成另外两个视图。

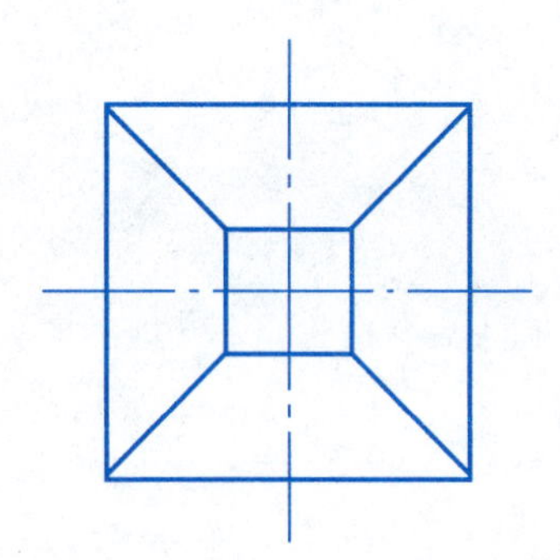

2-17 已知几何体的一个视图，根据已知条件补画另外两个视图，并标注尺寸（未知尺寸从图中量取）

（1）已知圆柱体的主视图，宽度尺寸40，完成另外两个视图。

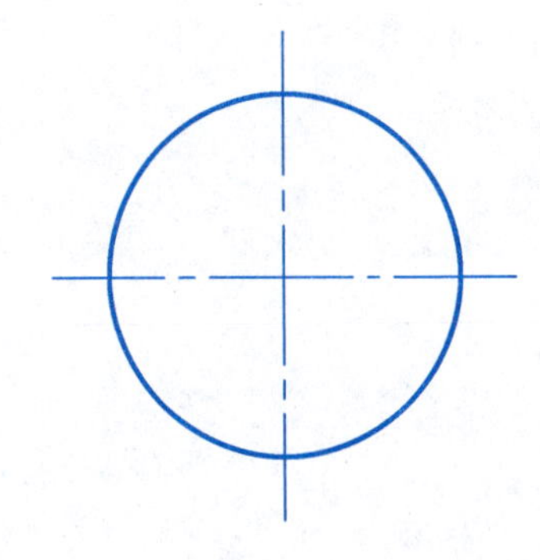

（2）已知圆锥的左视图，圆锥长度尺寸30，完成另外两个视图。

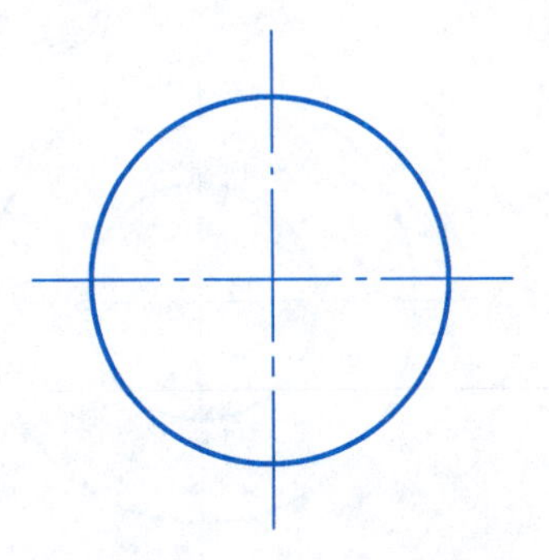

2-18 已知几何体的一个视图,根据已知条件补画另外两个视图

(1)已知圆台的主视图,宽度尺寸30,补画俯视图和左视图。

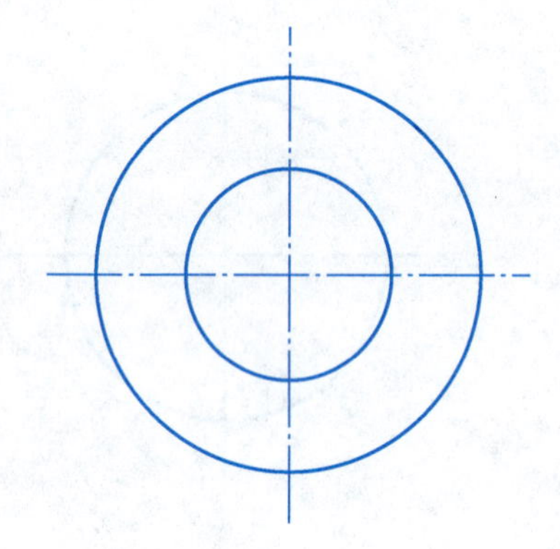

(2)已知半球体的主视图,补画俯视图和左视图。

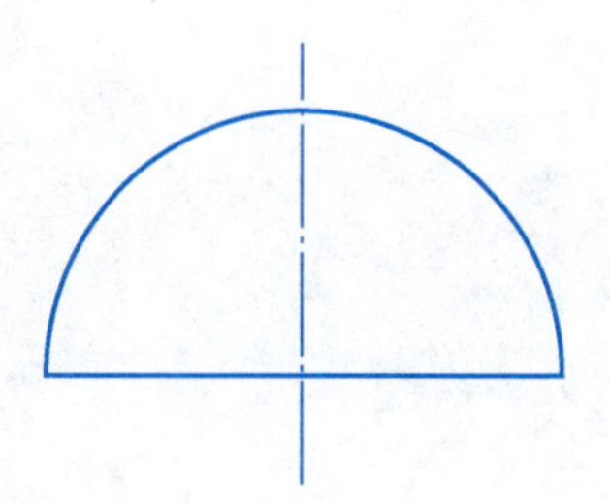

2-19 由直观图画三视图(尺寸从图中量取),两视图间留适当距离

(1)

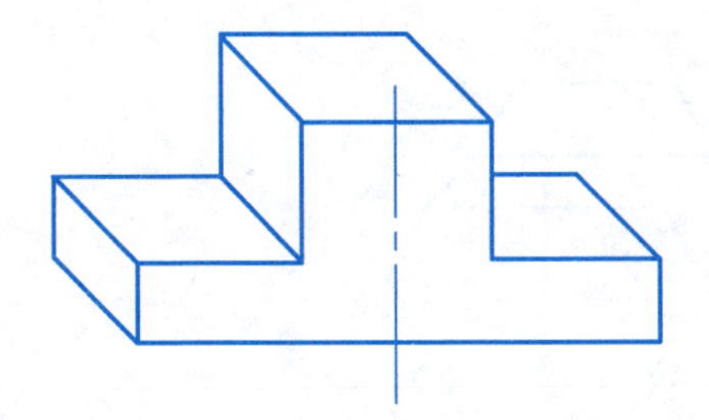

(2)

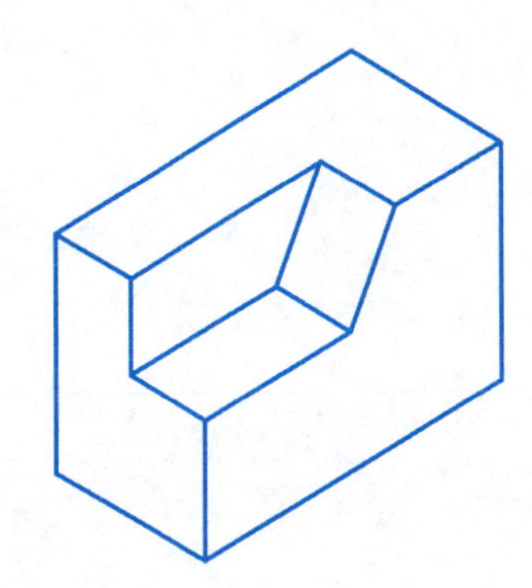

2-20 由直观图画三视图(尺寸从图中量取),视图间留适当距离

(1)

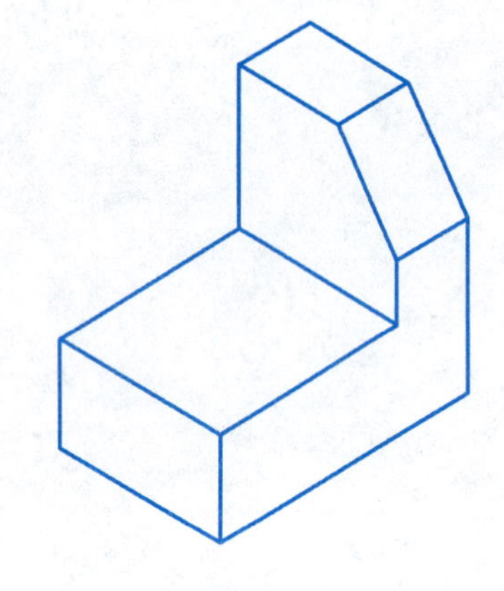

(2)

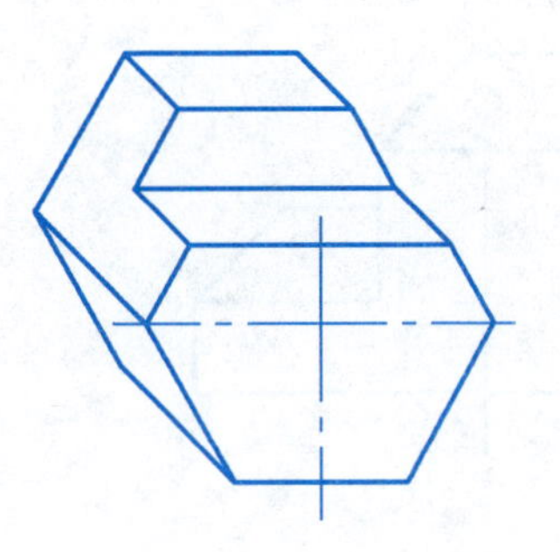

2-21 由直观图画三视图(尺寸从图中量取),视图间留适当距离

(1)

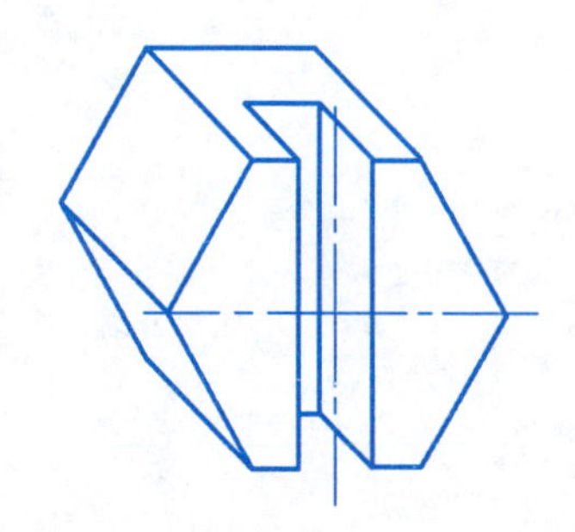

(2)

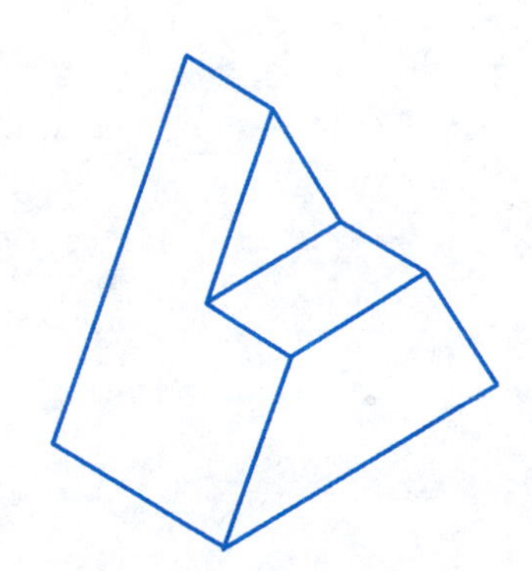

2-22 由直观图画三视图(尺寸从图中量取),视图间留适当距离

(1)

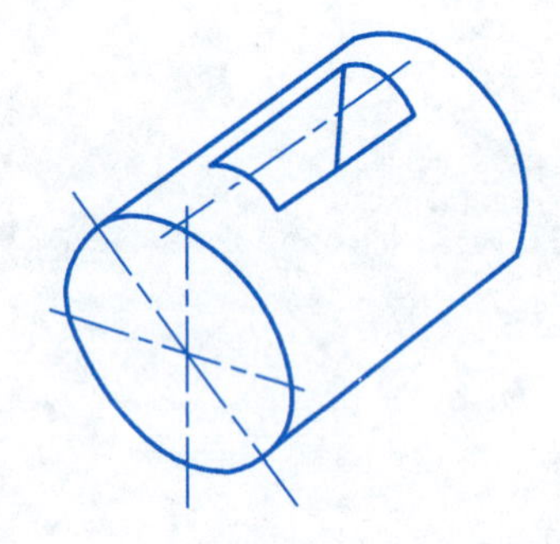

(2)

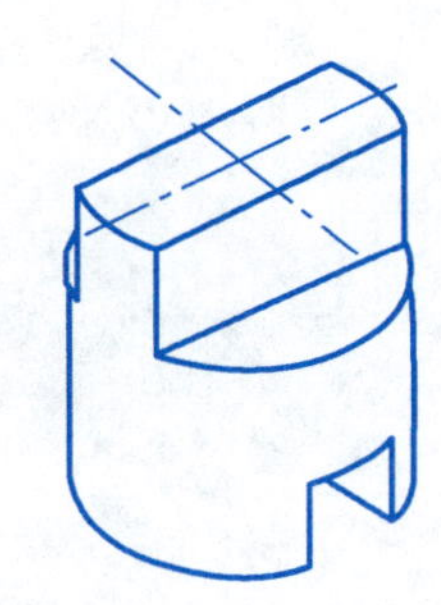

2-23 读视图,补画第三视图

(1)

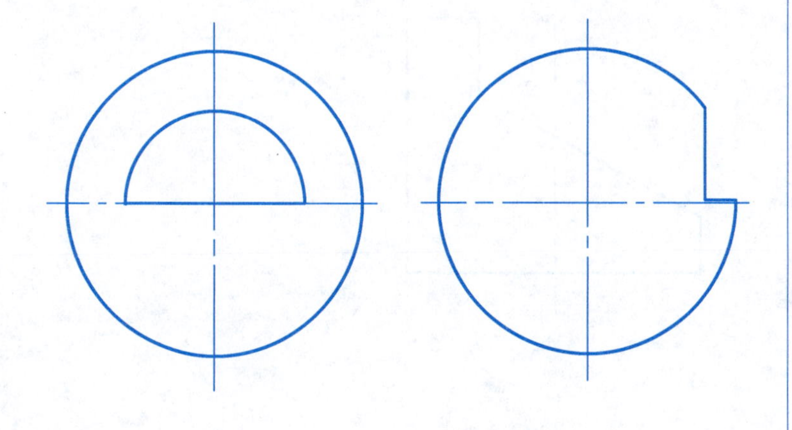

(2)

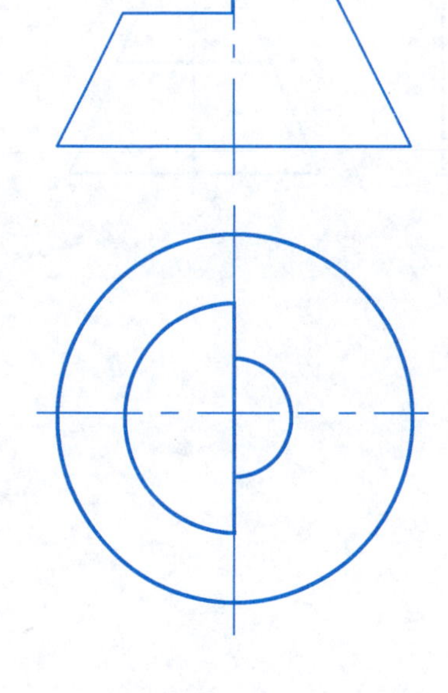

2-24　读视图，补画第三视图

（1）补画俯视图

（2）补画左视图

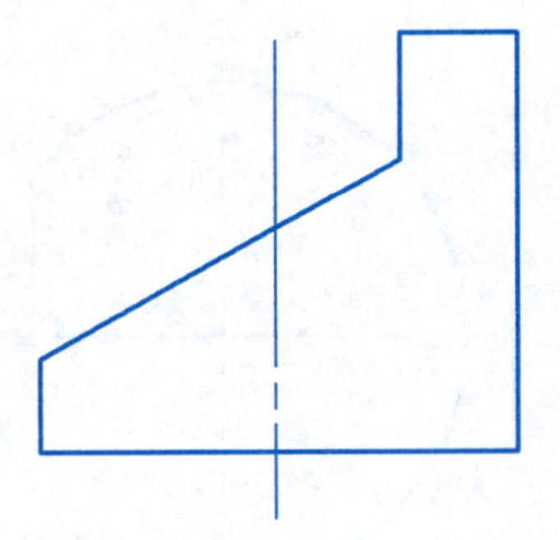

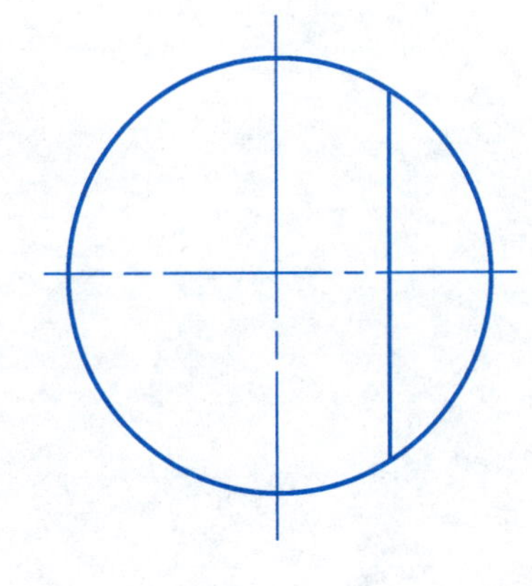

2-25 读视图，补画第三视图

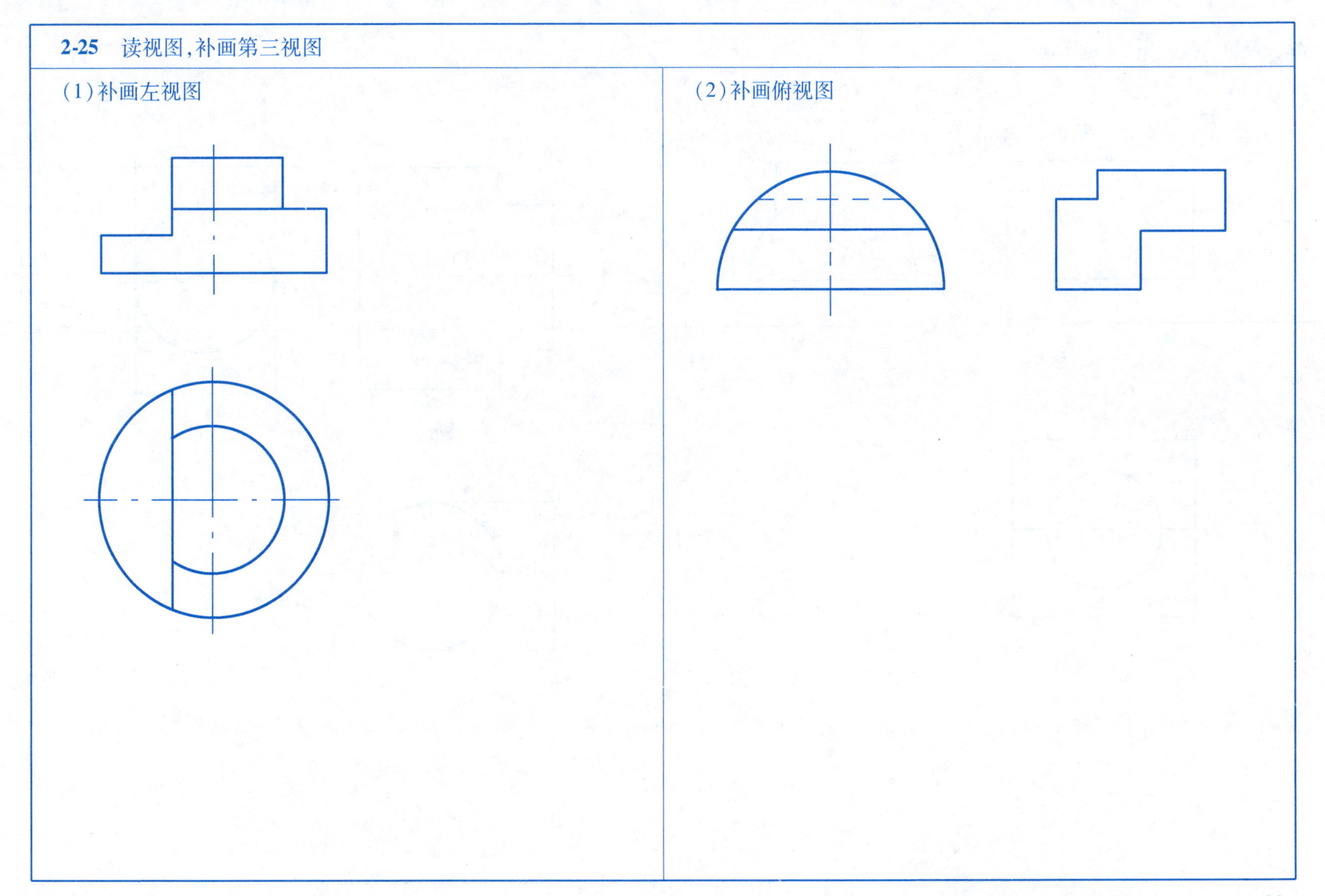

2-26　画出相贯线的投影

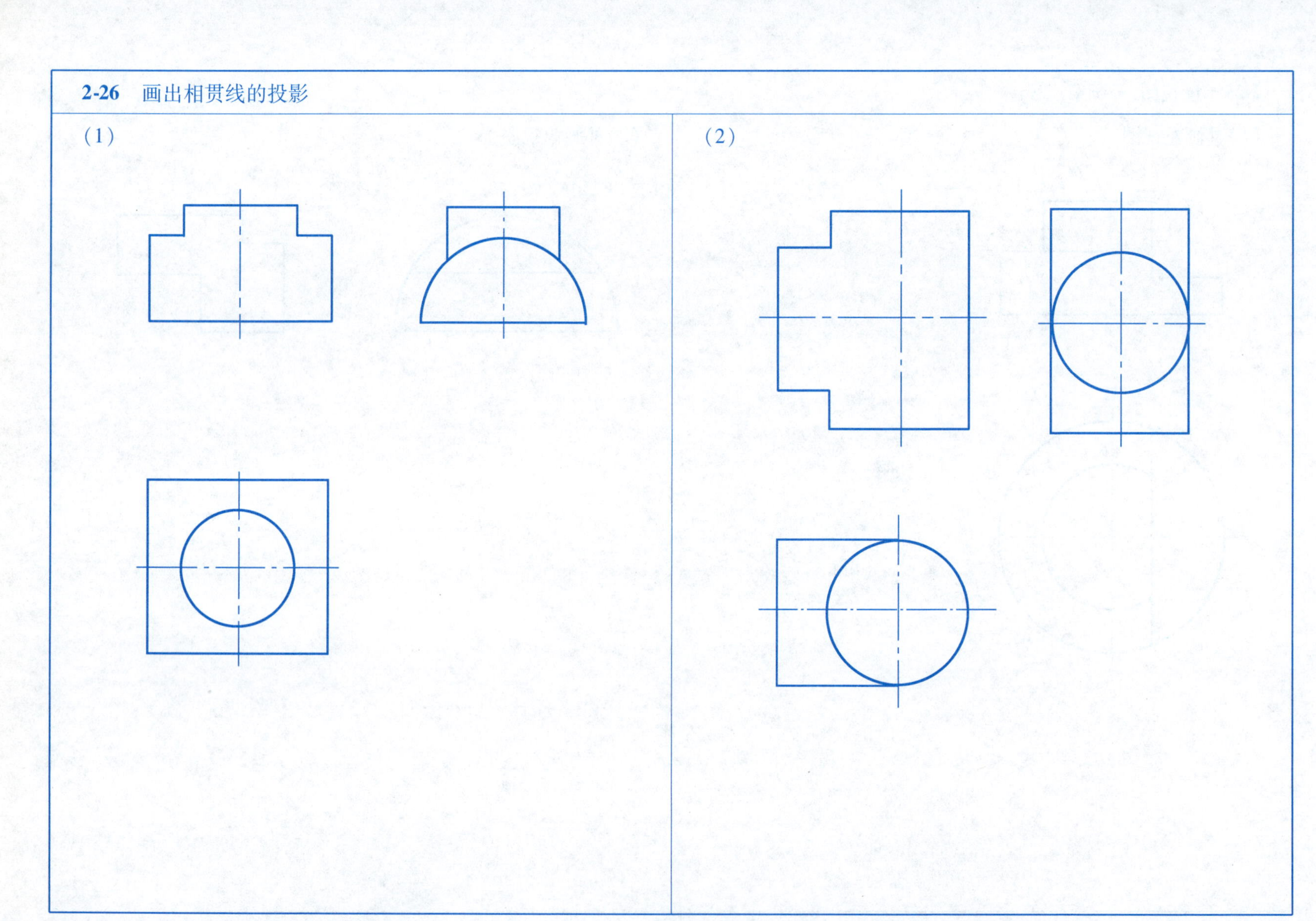

2-27　填空题

1. 识别组合体的组合类型。

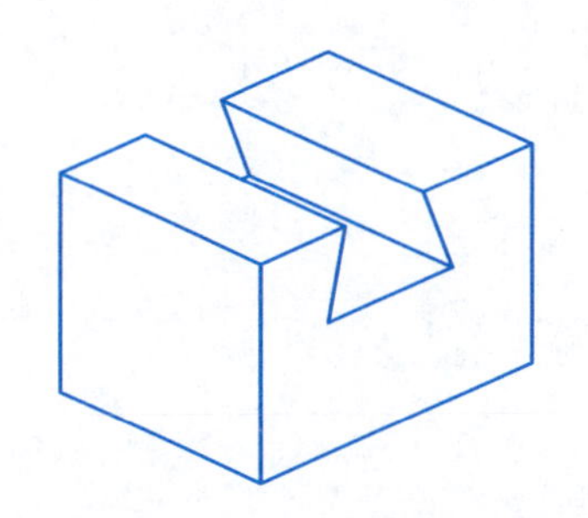

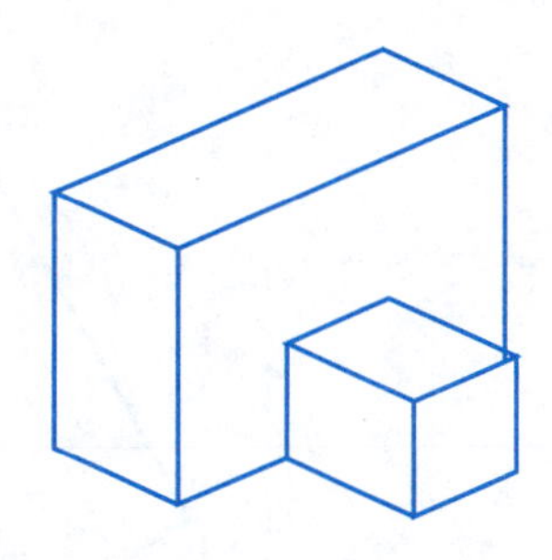

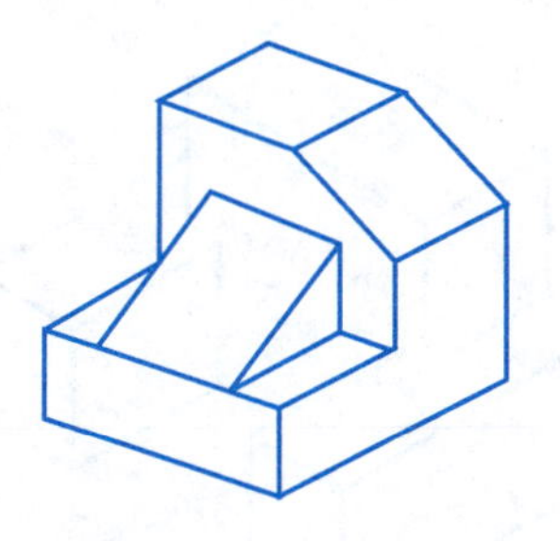

组合类型________________　　组合类型________________　　组合类型________________

2. 识别下列形体中 *A* 面与 *B* 面的表面连接形式。

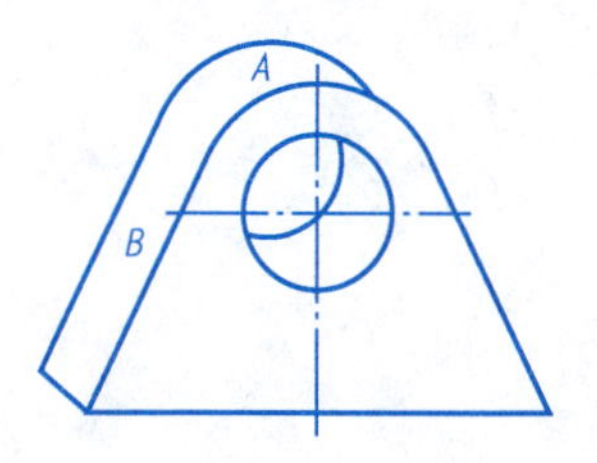

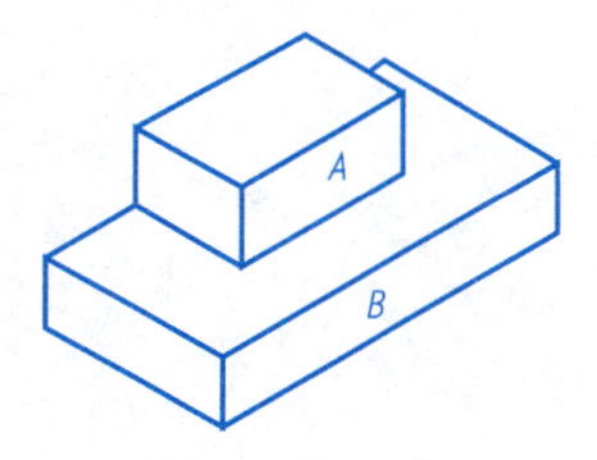

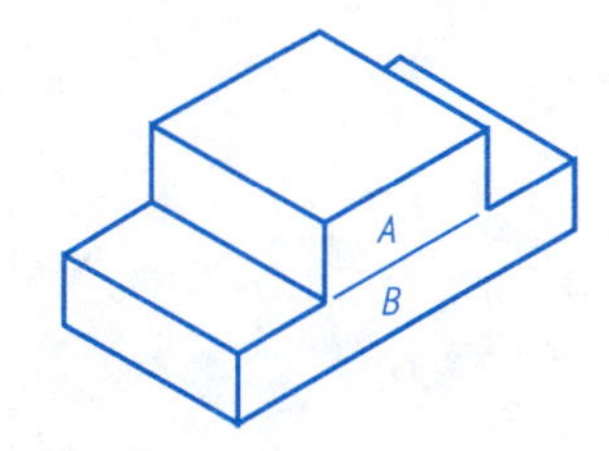

表面连接形式________________　　表面连接形式________________　　表面连接形式________________

2-28 画组合体的三视图(尺寸由直观图中量取)

(1)

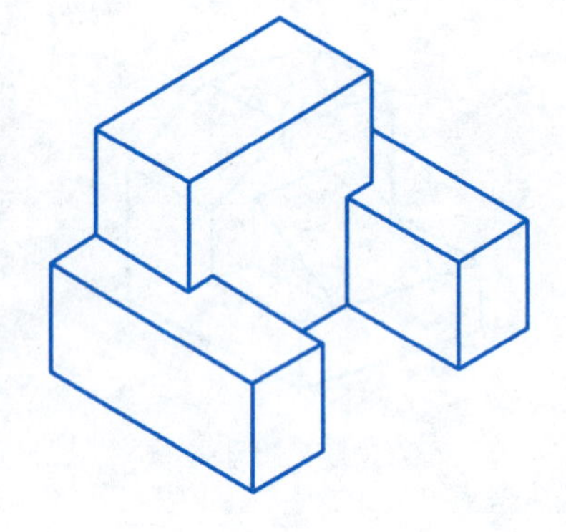

(2)

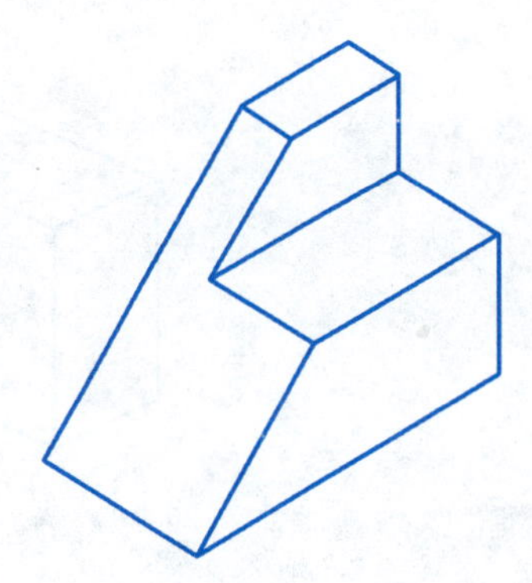

2-29 画组合体的三视图(尺寸由直观图中量取)

(1)

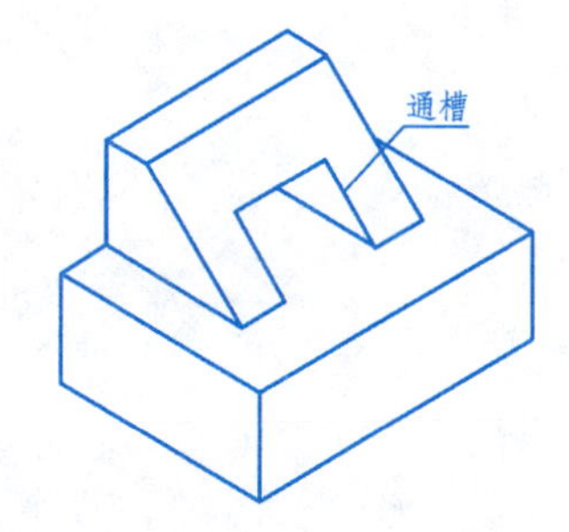

(2)

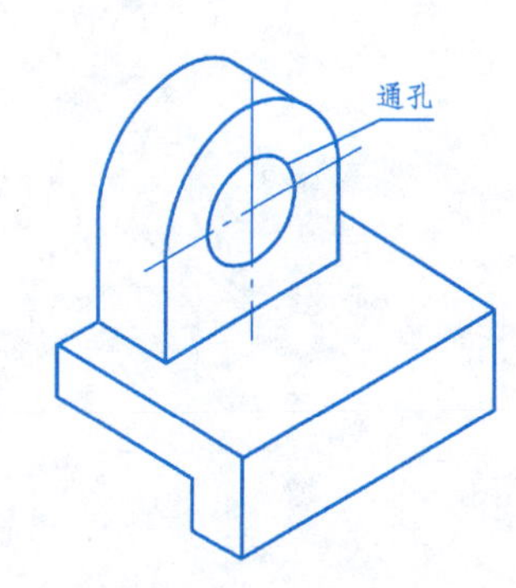

2-30 由直观图画三视图

(1)

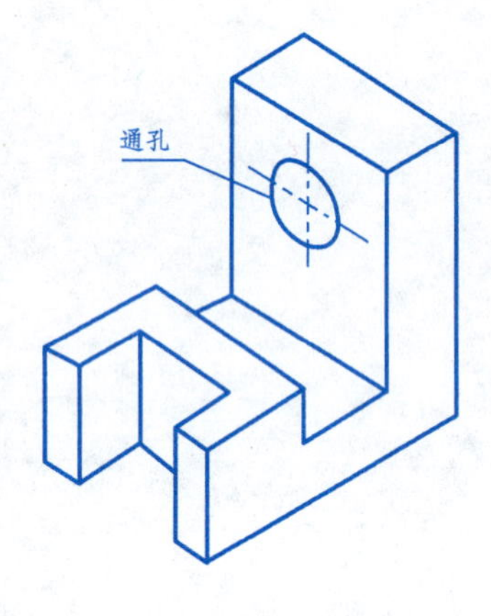

(2)

2-31 填空

1. 画组合体视图先要对组合体进行(　　　　)。

2. 度量尺寸的始点叫(　　　　),物体的每一方向至少有一个(　　　　)。

3. 尺寸分为(　　　　)、(　　　　)和(　　　　)三类。

4. 决定几何体形状、大小的尺寸叫(　　　　),决定几何体相对位置的尺寸叫(　　　　)。

5. 标注尺寸时要注意尺寸尽量(　　　　),并标注在(　　　　)视图上。

6. 标注尺寸的要求是(　　　　)、(　　　　)、(　　　　)。

7. 标注尺寸时,首先要选择(　　　　),常被选用的尺寸基准有(　　　　)、(　　　　)、(　　　　)、(　　　　)、(　　　　)。

2-32 选定基准,并标注尺寸

长度基准是(　　　　)

高度基准是(　　　　)

宽度基准是(　　　　)

2-33 读视图标注尺寸(尺寸值从图中量取),并指出哪些是定形尺寸,哪些是定位尺寸

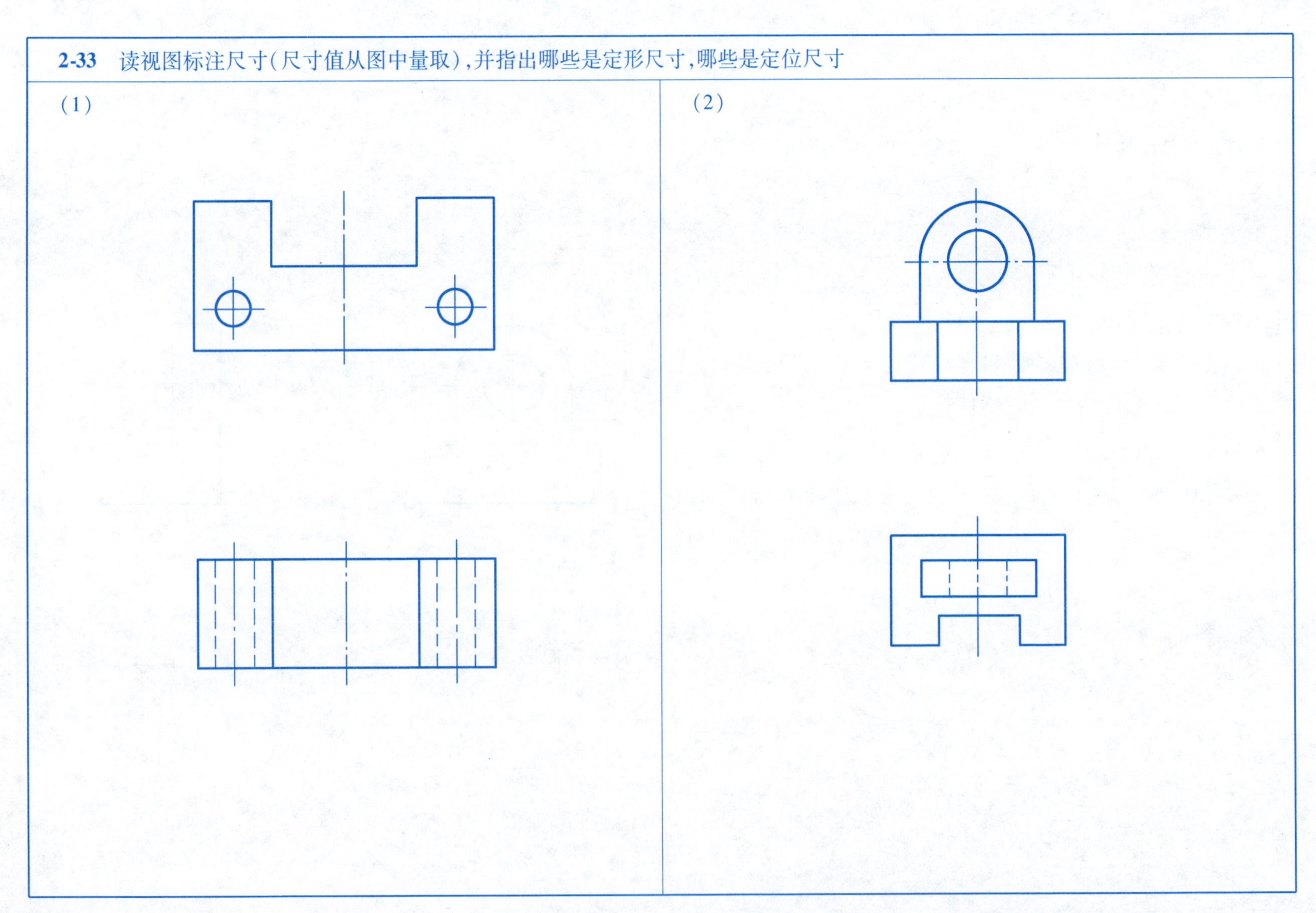

2-34 请将下列尺寸标注中的不妥之处改正，在下图中进行正确标注

(1)

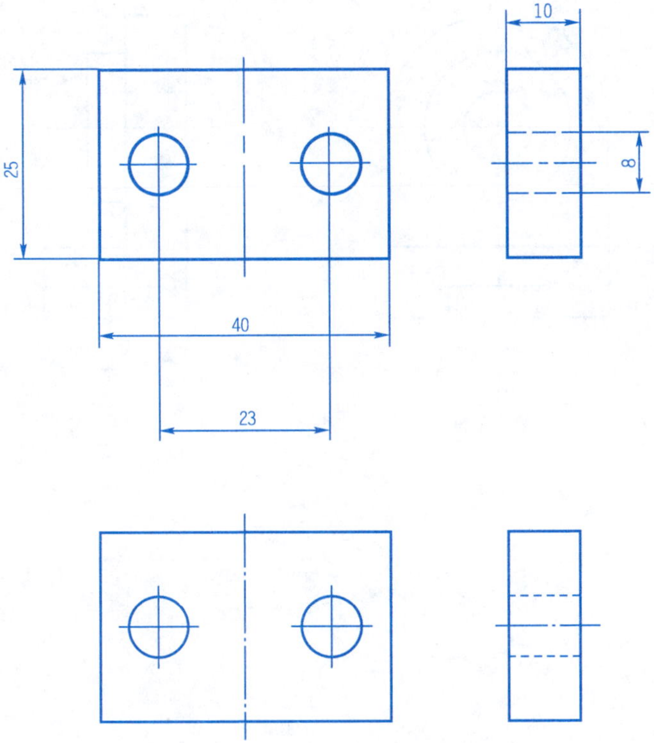

(2)

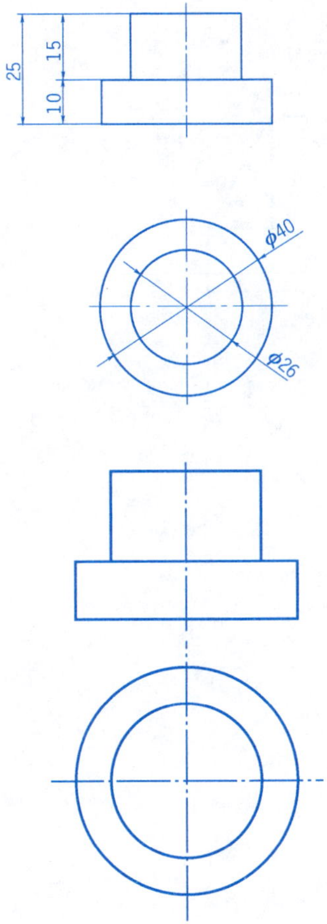

2-35 根据两个视图补画第三个视图，并标出尺寸(尺寸从图中量取)

(1)

(2)

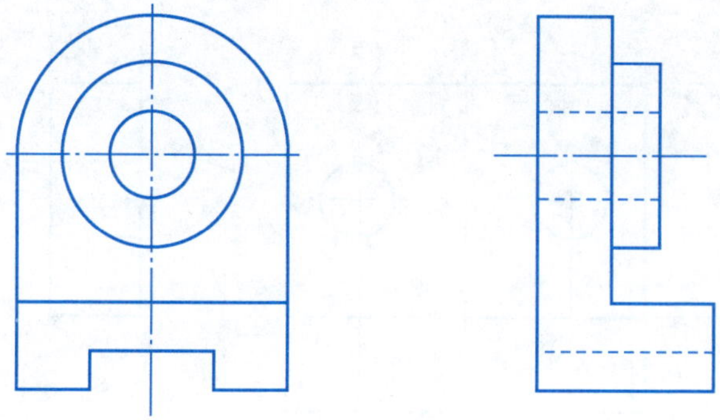

2-36 由两个视图补画第三视图

(1)

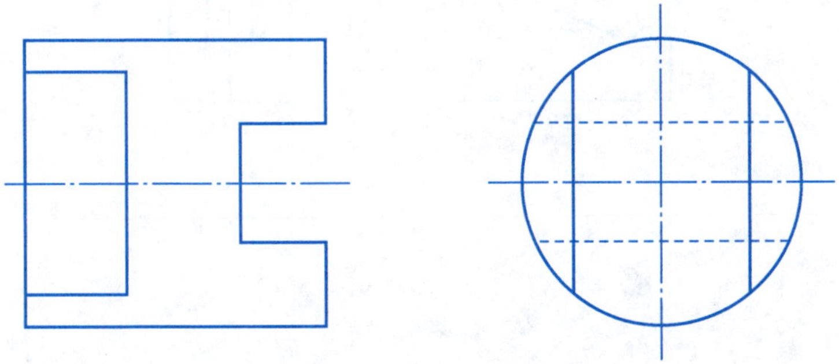

(2)

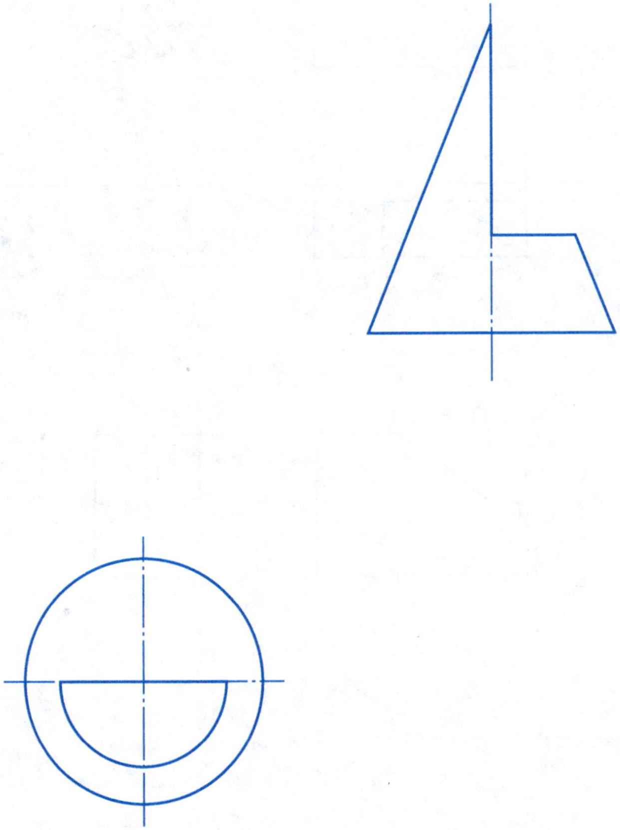

2-37 读视图，补画第三视图

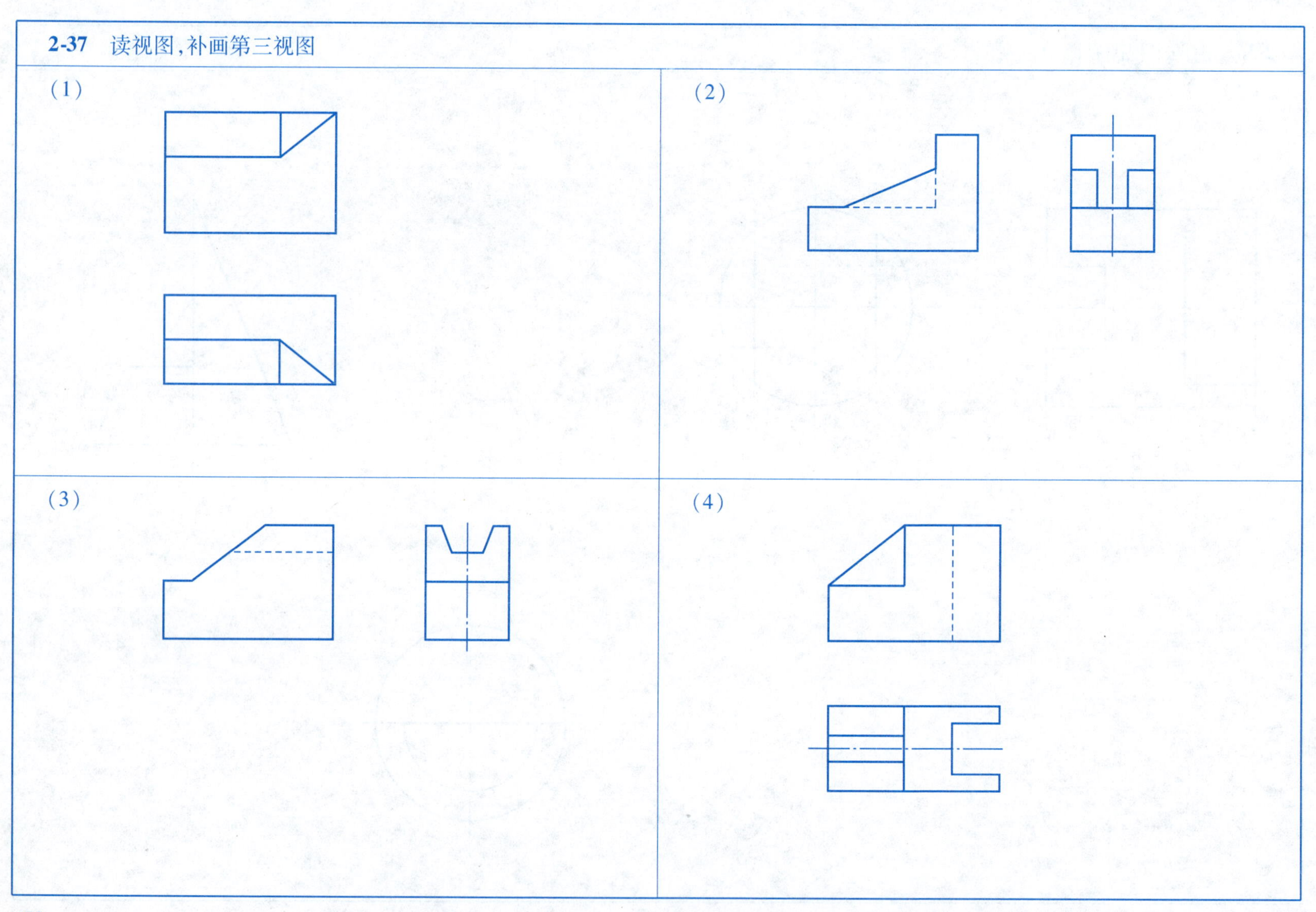

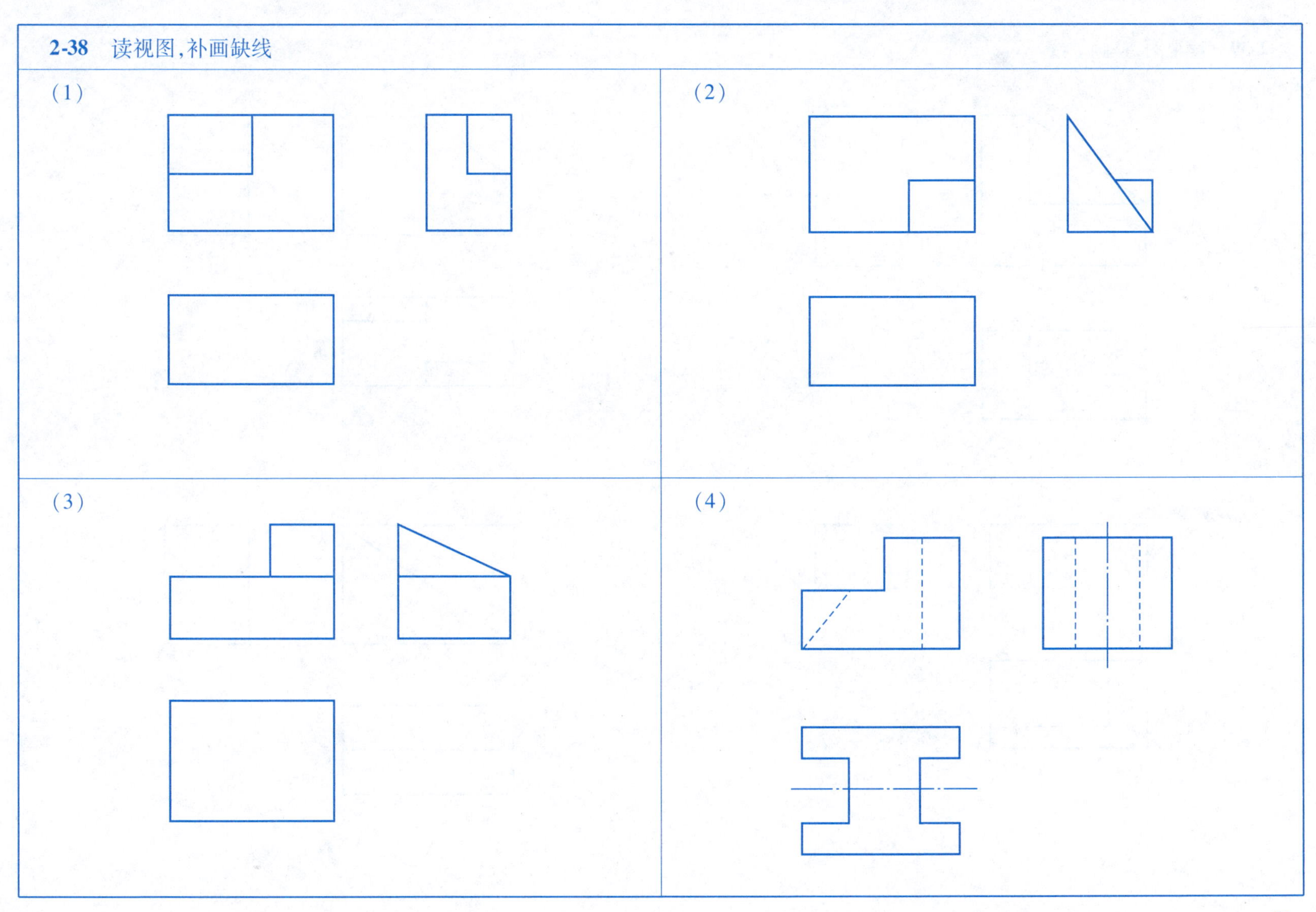
2-38 读视图,补画缺线
(1)
(2)
(3)
(4)

2-39 读视图，补画缺线

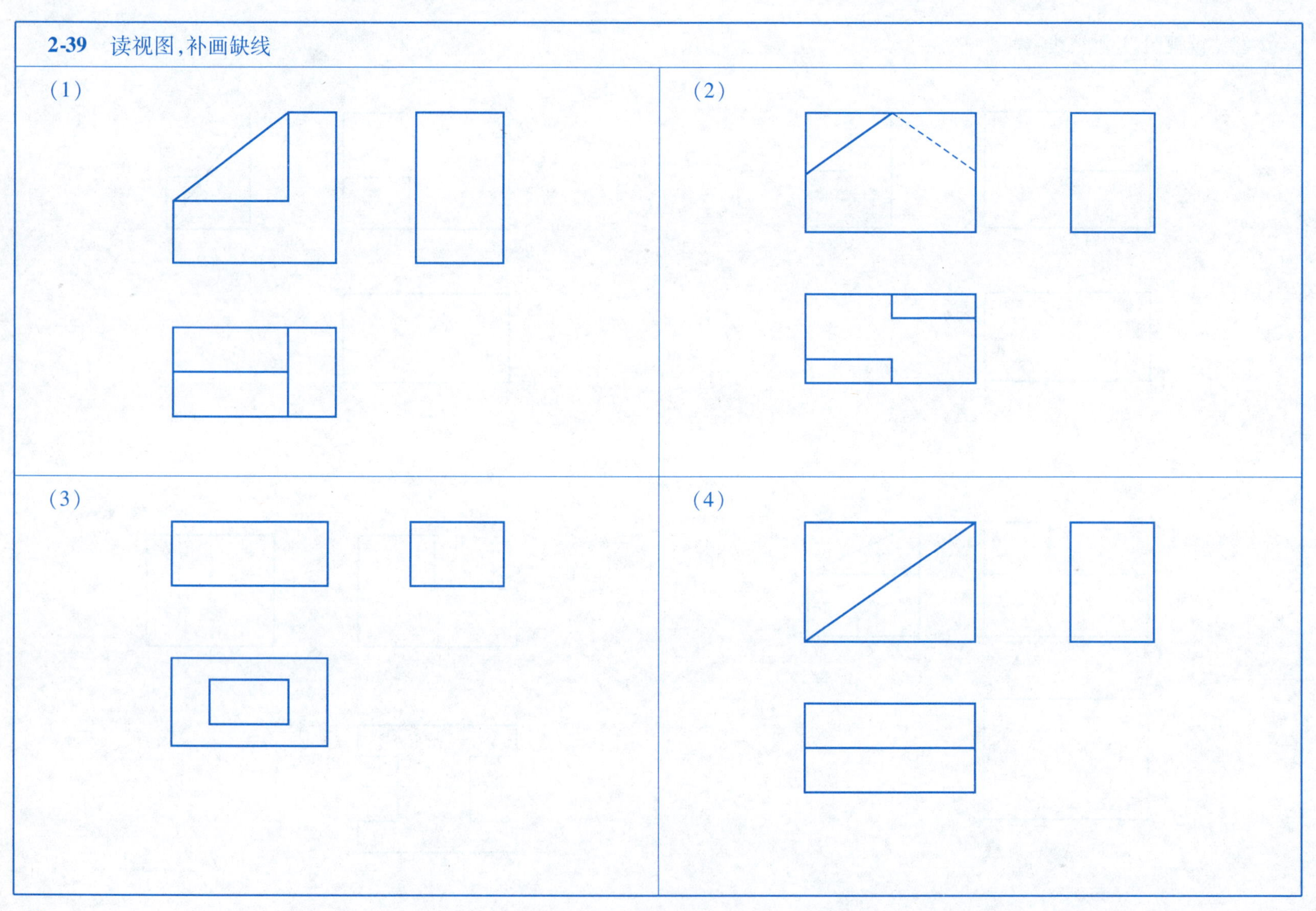

单元三　机件形状的表达方法

3-1　根据主、俯、左视图，补画右、后、仰三视图

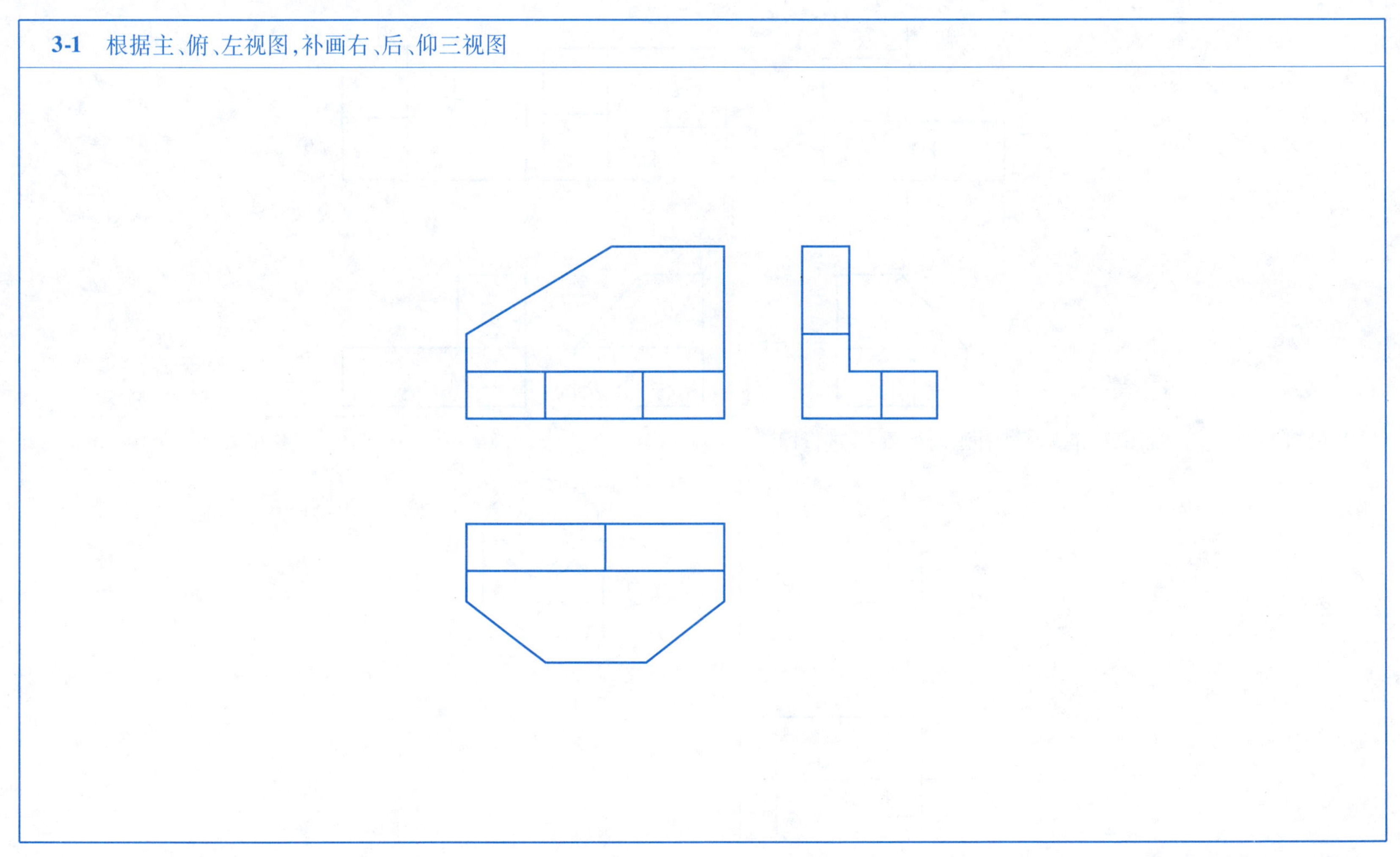

3-2 向视图

1. 根据左上角的主视图,辨认向视图,并对其进行标注。

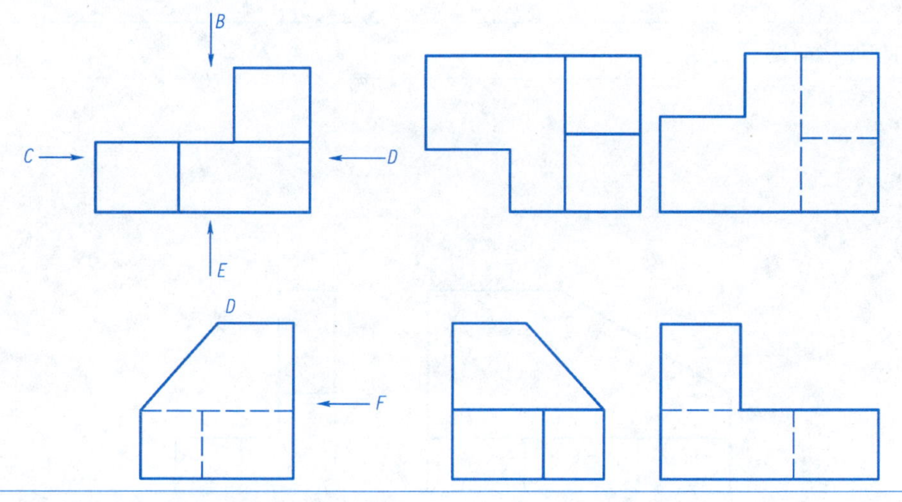

2. 根据主、俯、左三视图,按箭头所指补画向视图,并进行标注。

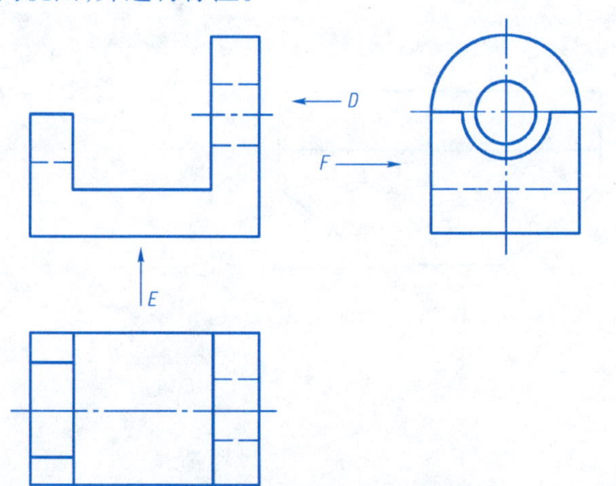

3-3 根据立体图补画斜视图和局部视图,并进行标注

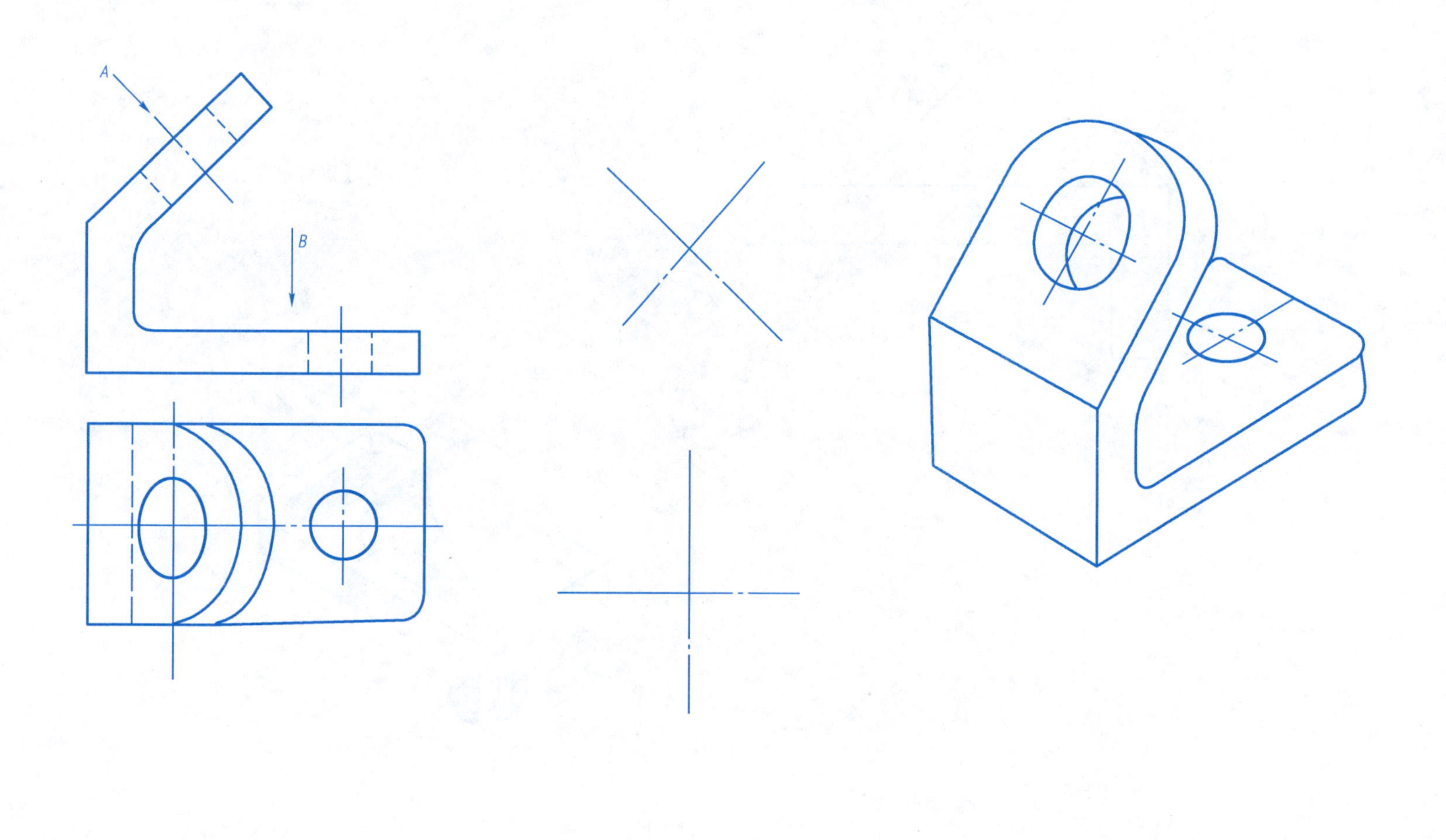

3-4 根据立体图和主视图，按箭头所指画局部视图和斜视图（按立体图上所注的尺寸，1∶1 作图）

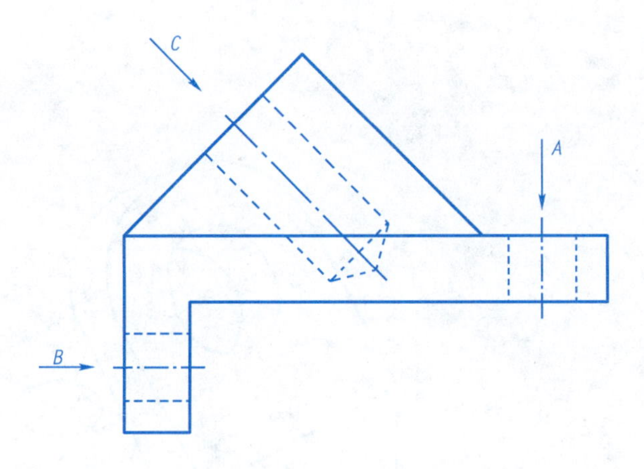

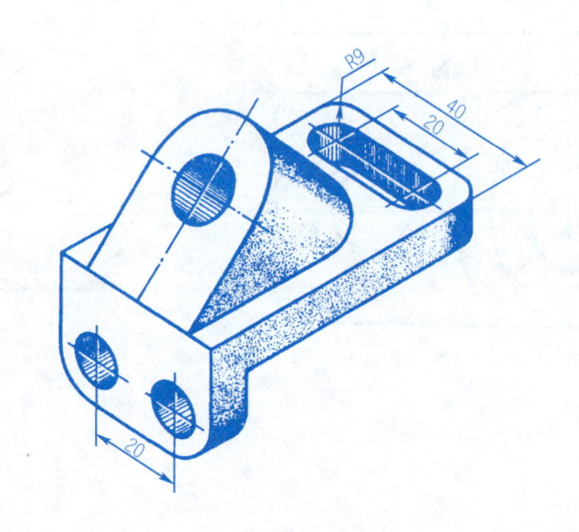

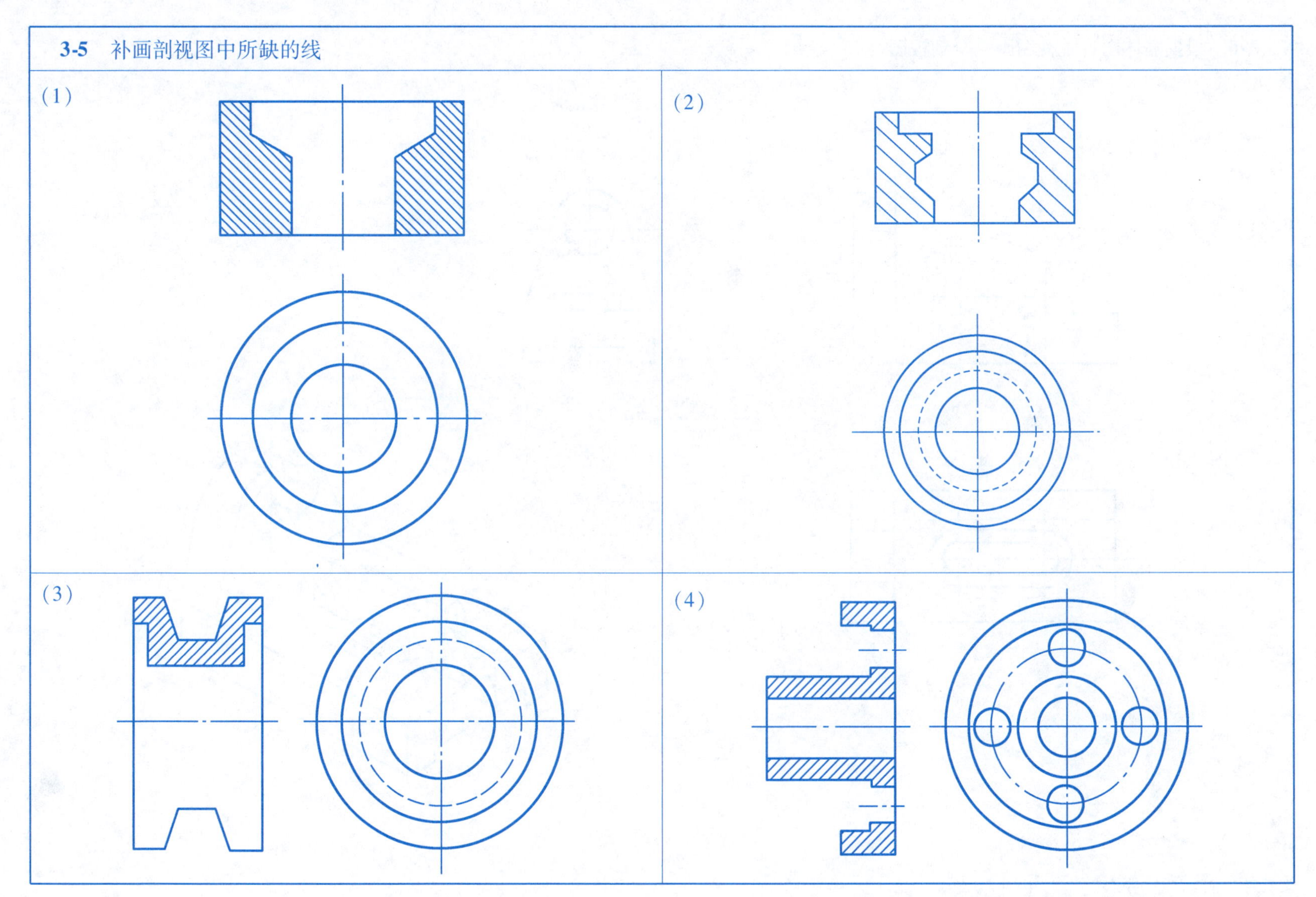
3-5 补画剖视图中所缺的线
(1)
(2)
(3)
(4)

3-6 根据立体图将主视图画成全剖视图

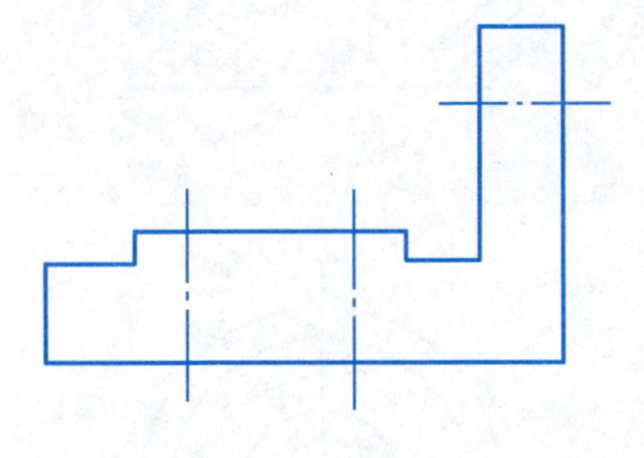

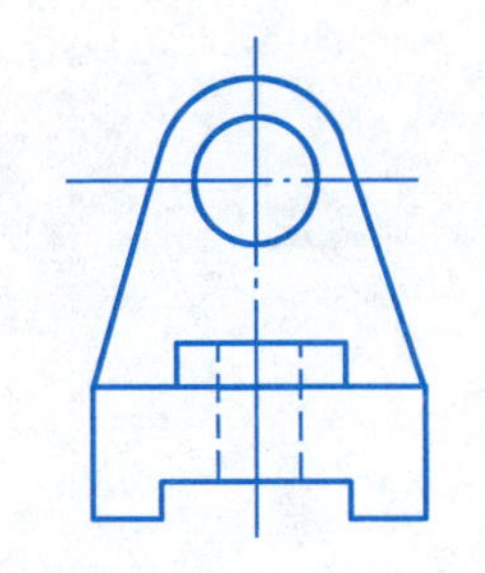

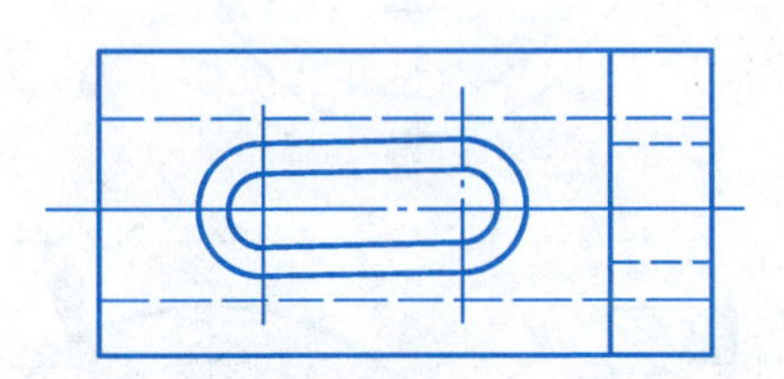

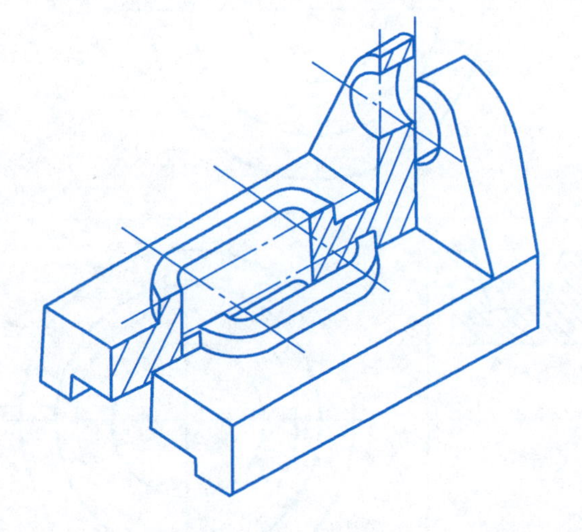

3-7 将主视图画成全剖视图

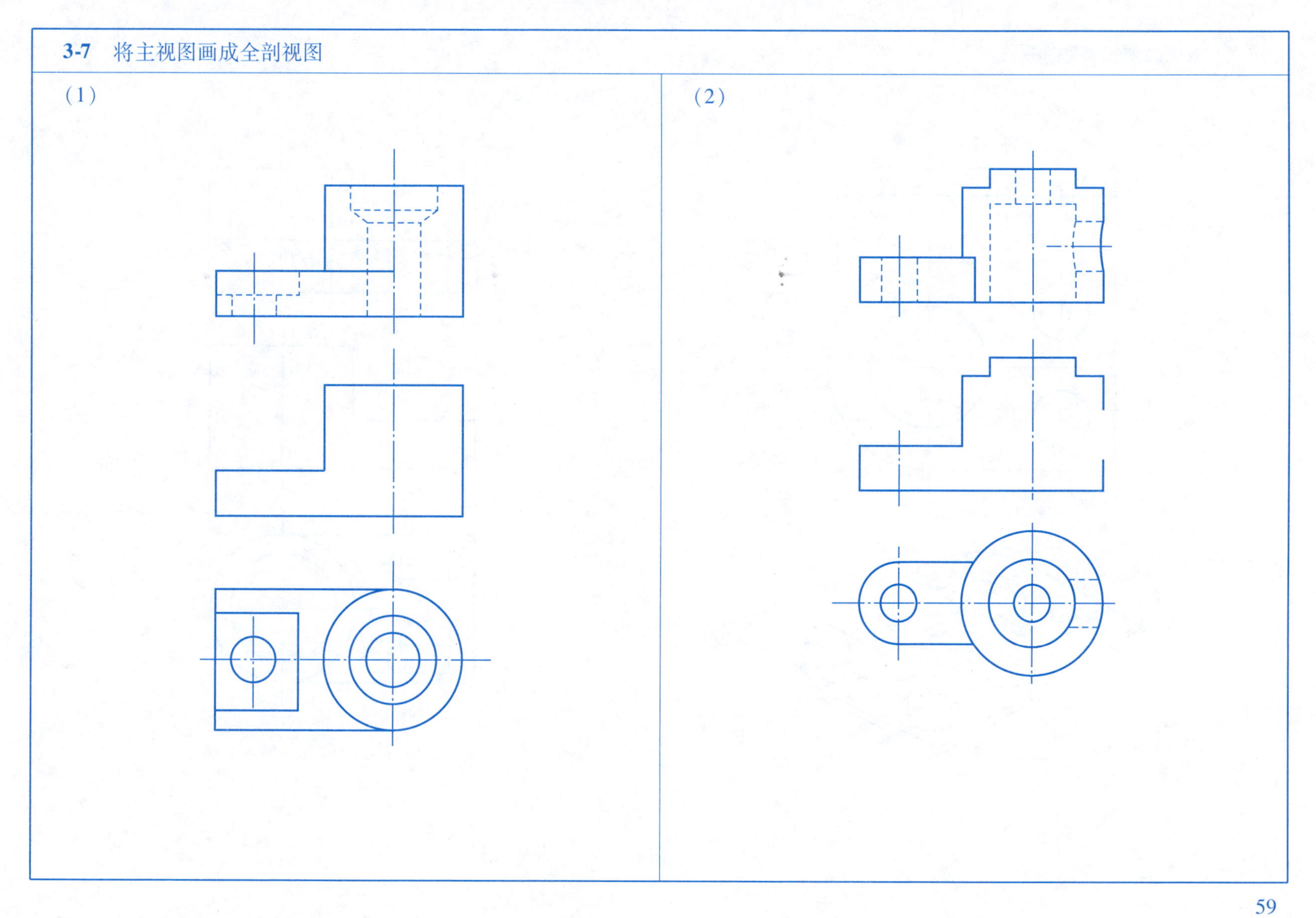

3-8 主视图画成阶梯剖视图

（1）

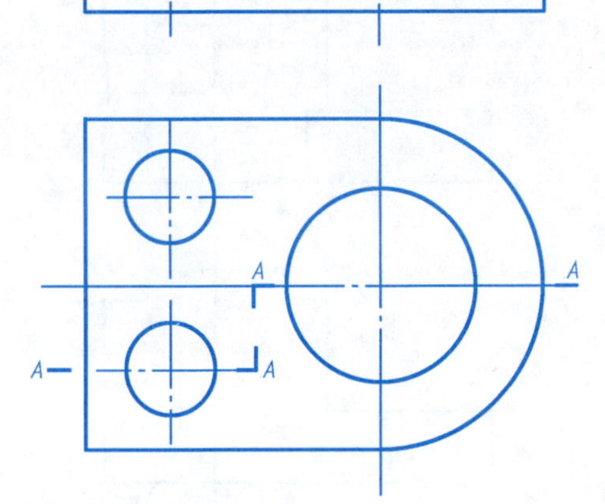

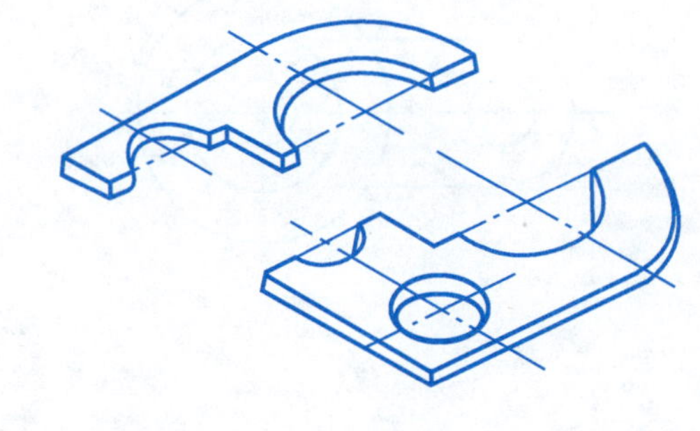

（2）

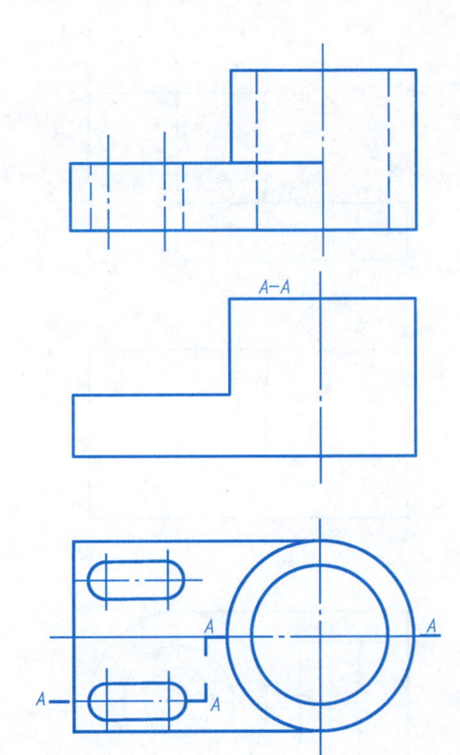

3-9 用旋转剖方法画出全剖视图(在中间图中补画)

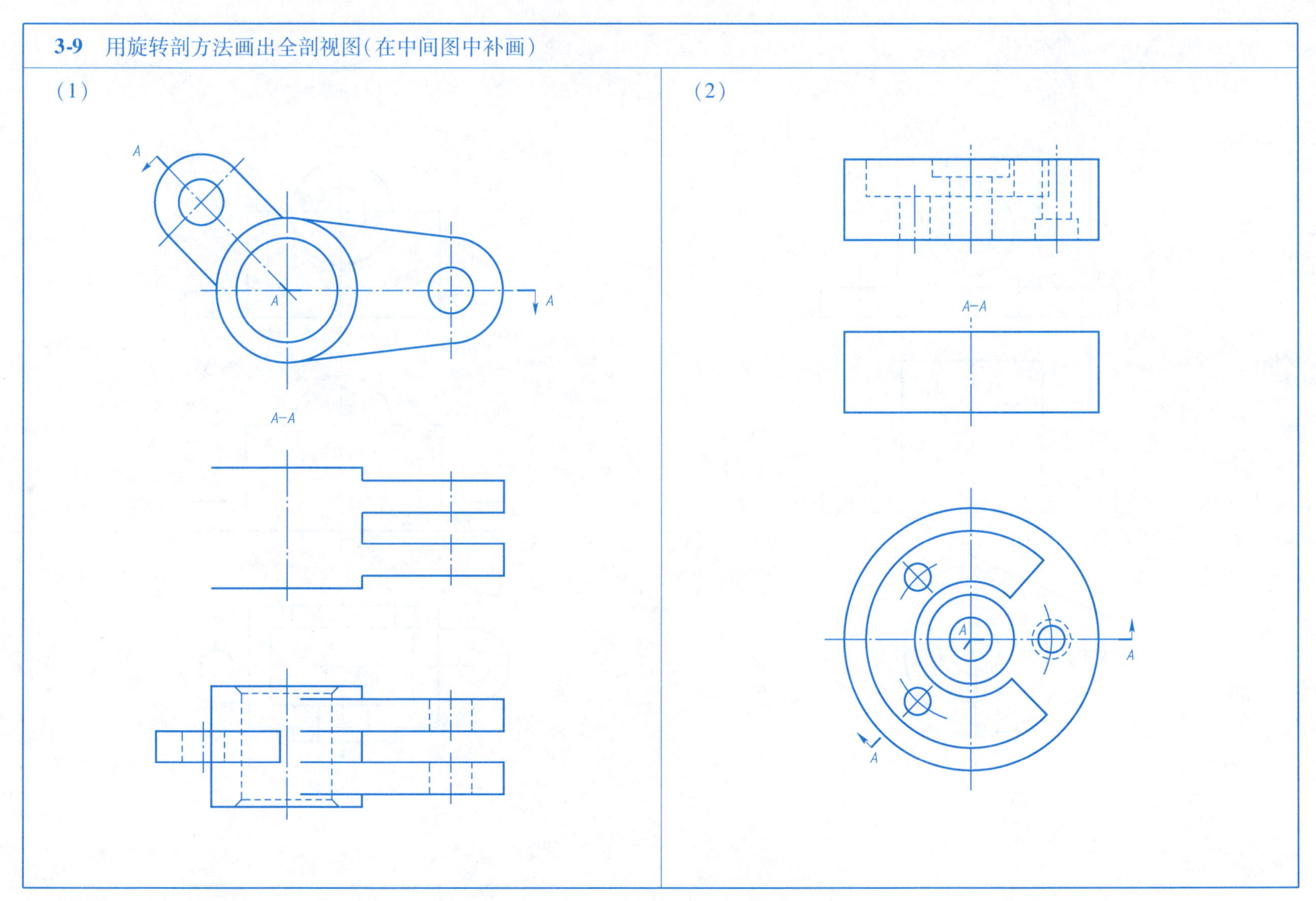

3-10 将主视图画成半剖视图

（1）

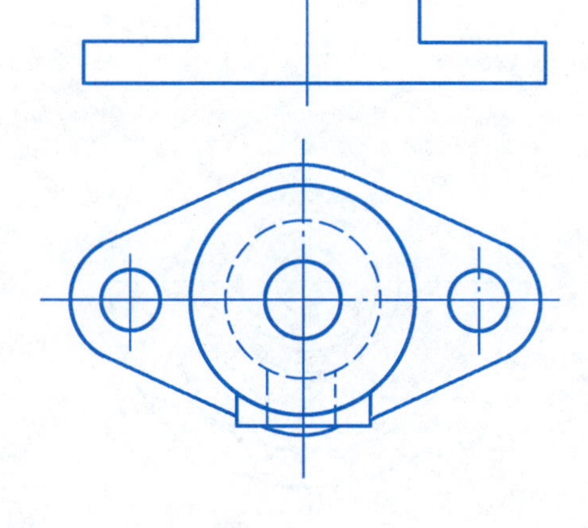

（2）

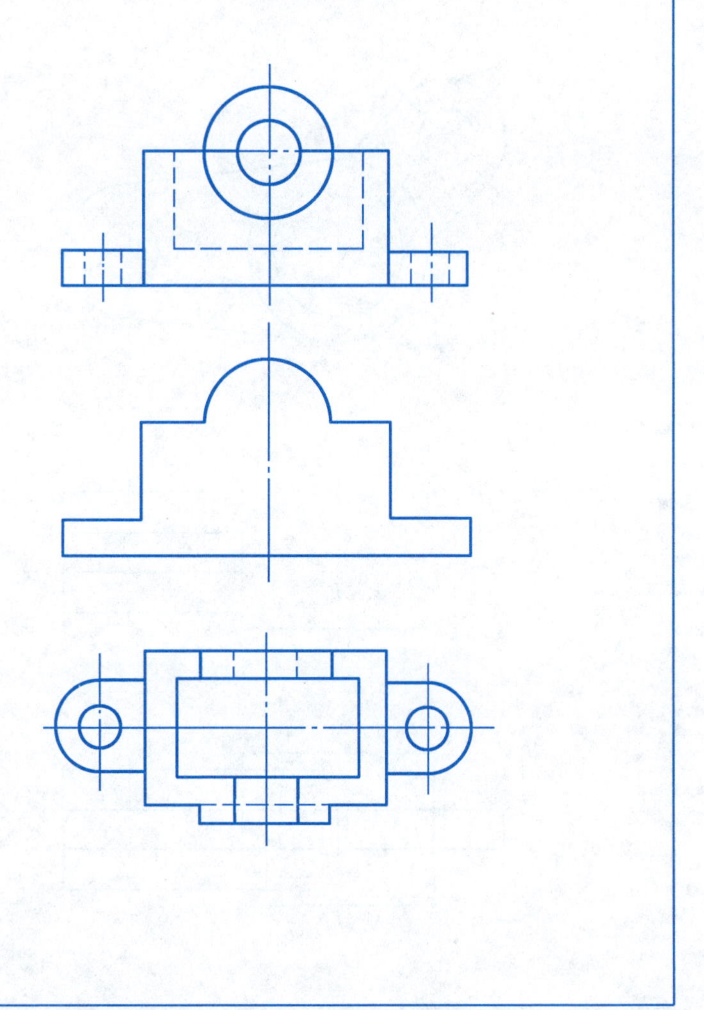

3-11 将给出的视图改画成局部剖视图

(1)

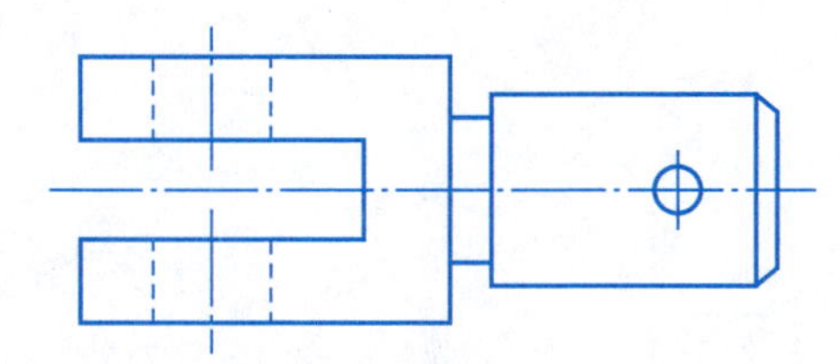

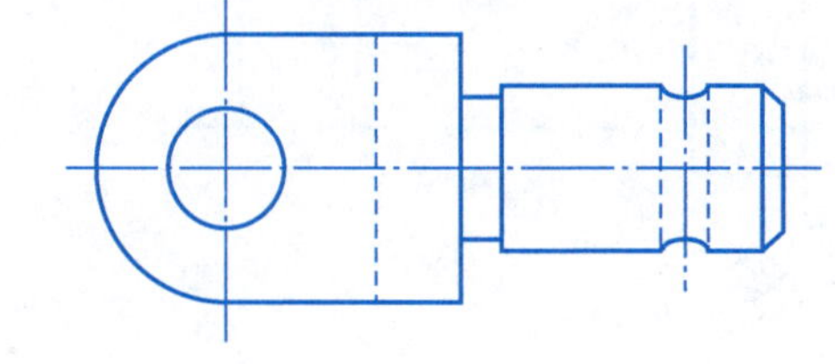

(2)

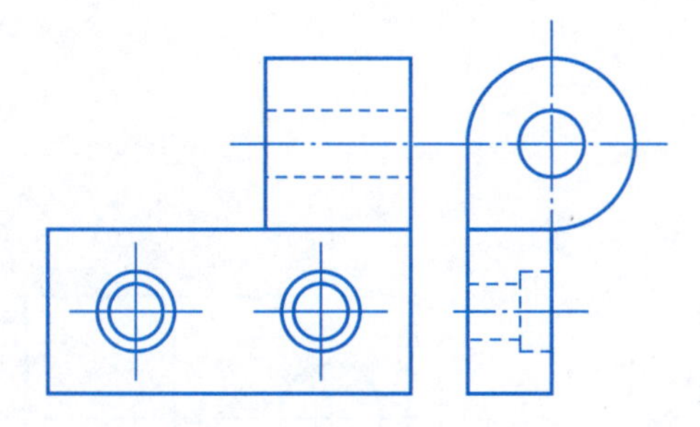

3-12　在指定位置作移出断面图

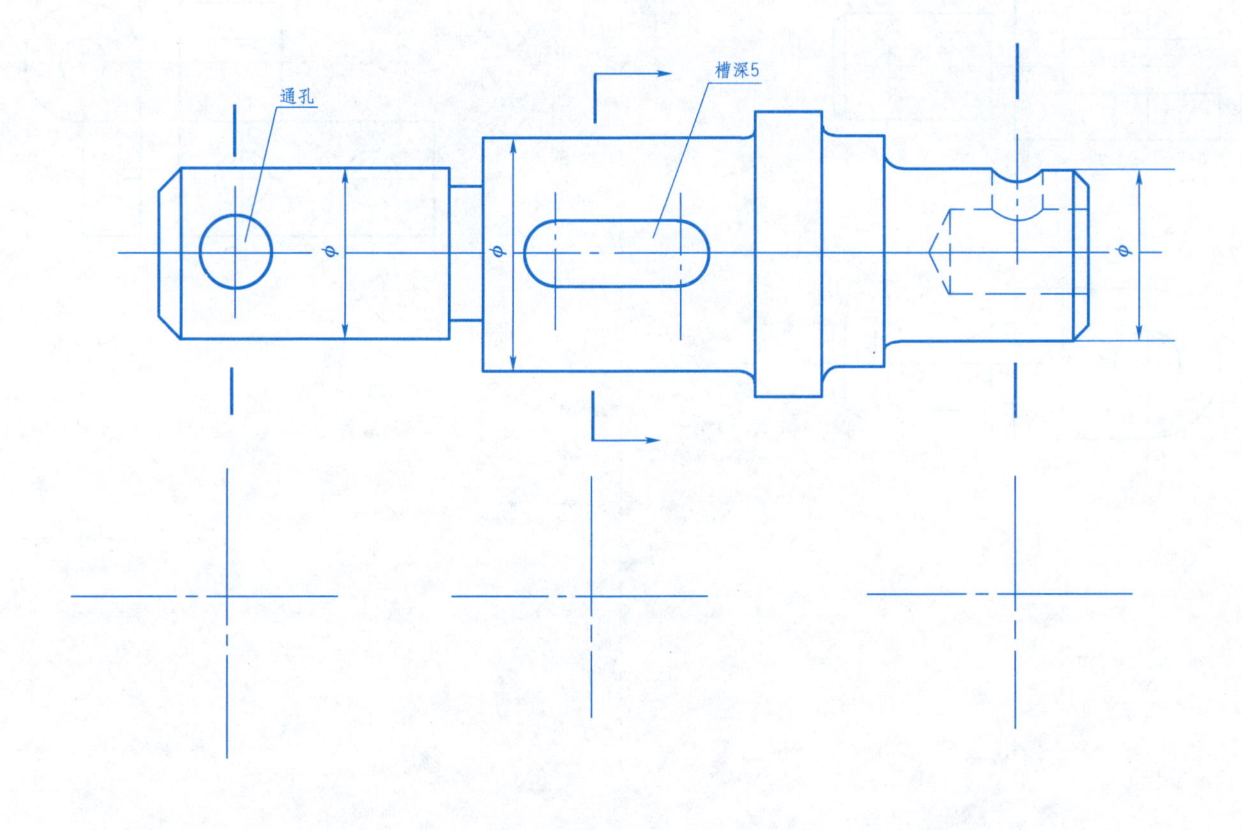

3-13 根据立体图及其剖切位置画重合断面图

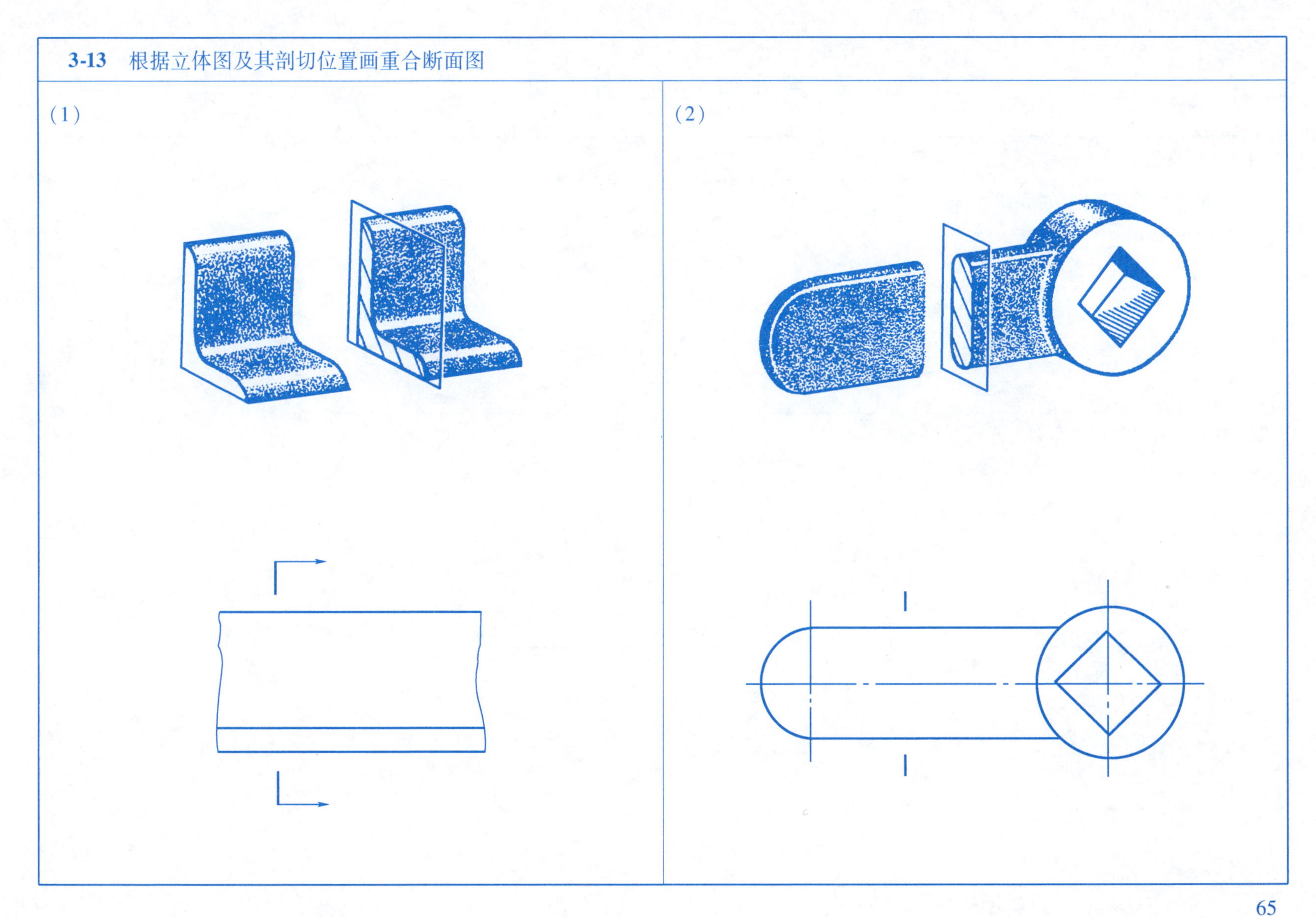

单元四　零　件　图

4-1　简答题

1. 一张完整的零件图包括哪些内容?

2. 画零件图主视图时主要考虑哪些位置?

3. 零件图图样上标注的技术要求常包括哪些内容?

4-2 表面粗糙度标注

1.

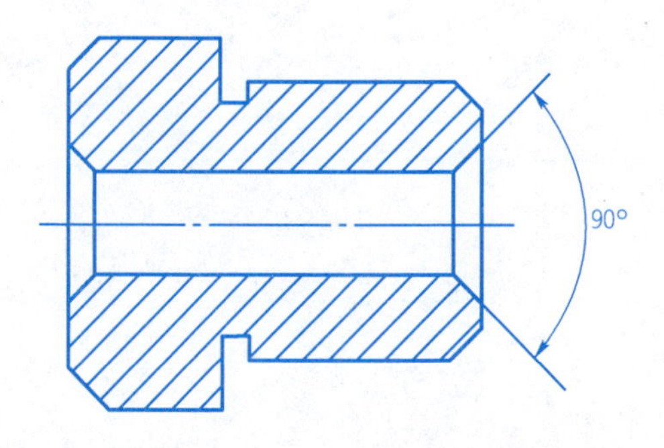

(1)内圆柱面▽ Ra 0.4

(2)左端面▽ Ra 0.8

(3)右端面▽ Ra 6.3

(4)孔口倒角处▽ Ra 0.8

2.

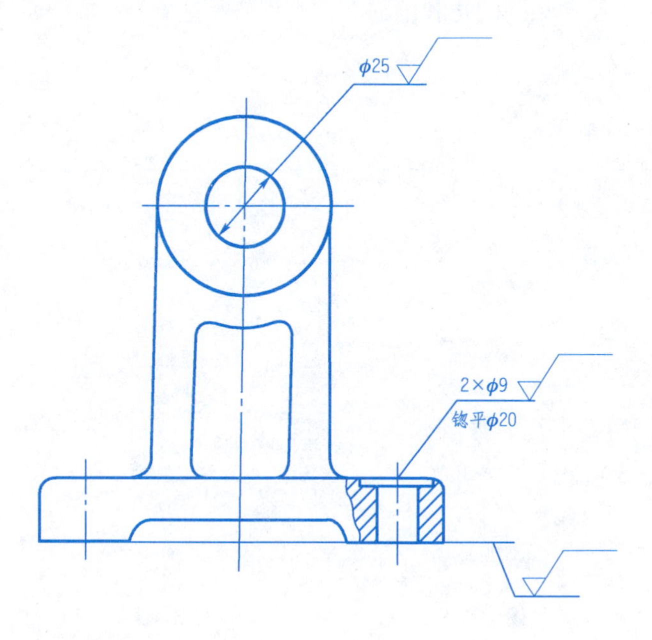

(1)Φ25 圆柱面为▽ Ra 3.2

(2)底平面为▽ Ra 12.5

(3)$\frac{2\times\Phi9}{锪平\ \Phi20}$为▽ Ra 25

4-3 简答题

1. 基本尺寸相同的孔和轴的配合类型有哪些?

2. 解读下列尺寸

(1) Φ28H8

(2) Φ68f6

(3) Φ68H8/f6

(4) Φ68(±0.01)

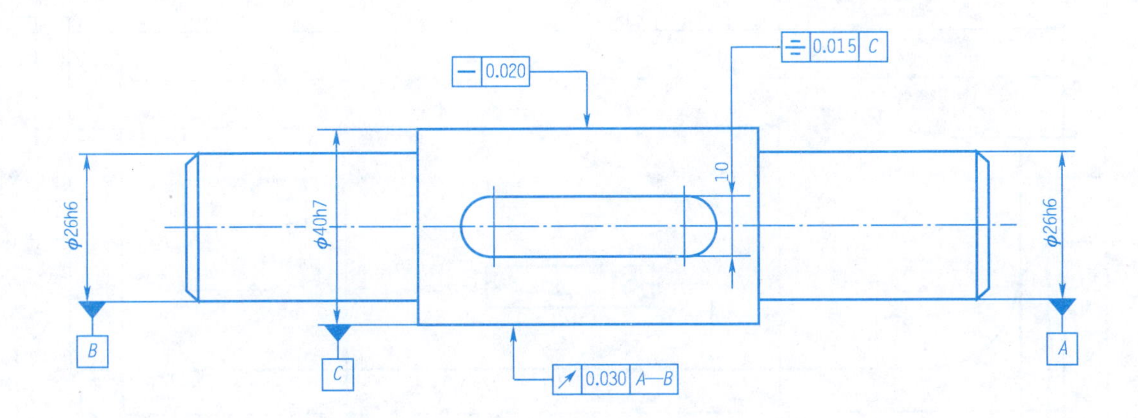

(1)解释[— 0.020]的含义:被测要素是__________,公差项目是__________,公差值是__________。

(2)解释[⌯ 0.015 C]的含义:被测要素是__________,基准要素是__________,公差项目是__________,公差值是__________。

(3)解释[↗ 0.030 A—B]的含义:被测要素是__________,基准要素是__________,公差项目是__________,公差值是__________。

4-5 读零件图做练习(一)

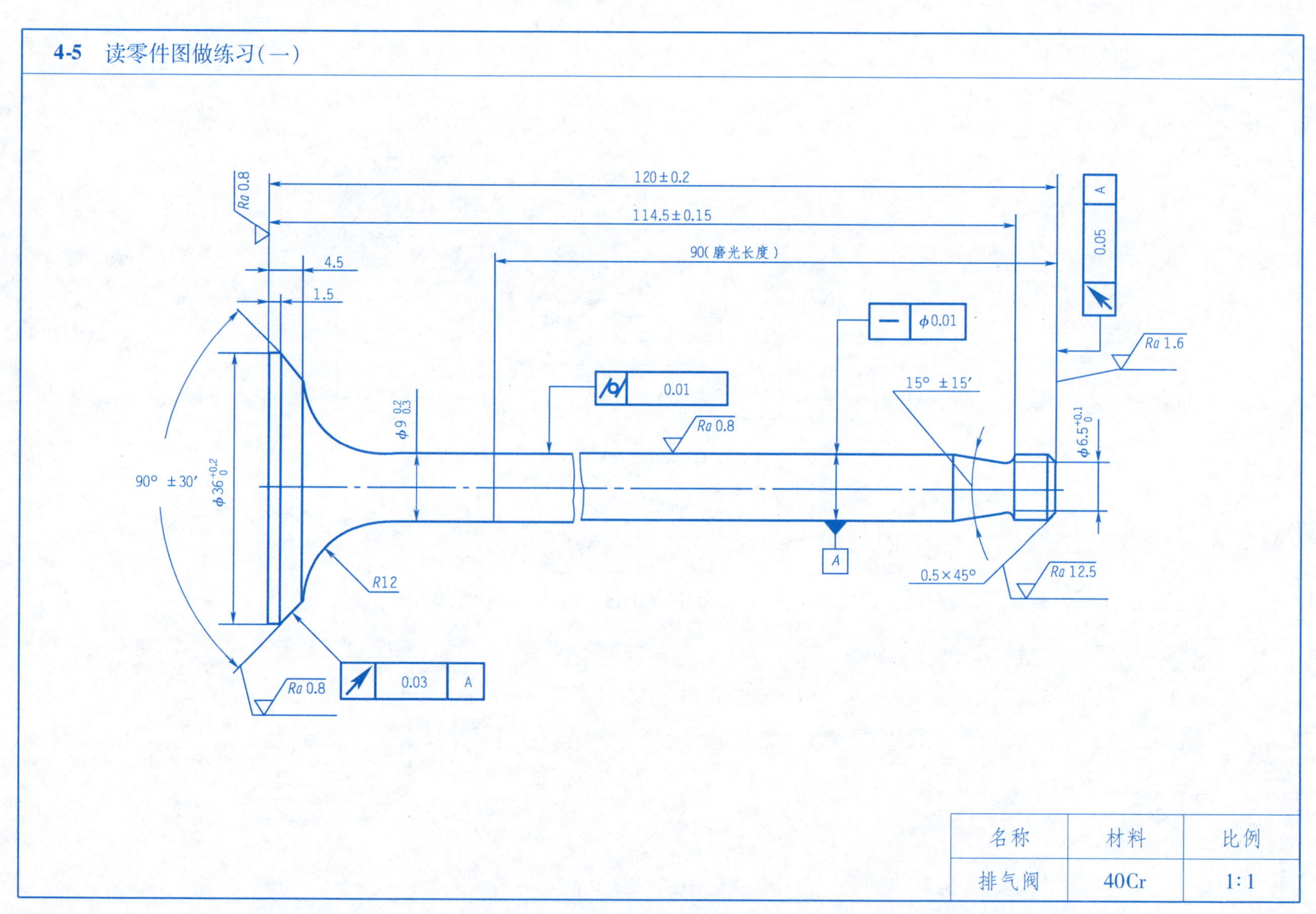

名称	材料	比例
排气阀	40Cr	1:1

4-5 读零件图做练习(二)

1. 零件采用几个视图表达,视图的名称是什么?。

2. 图中为什么采用折断画法?

3. 长度方向的尺寸基准是什么?是根据什么决定的?

4. 解释尺寸 $\Phi 9_{-0.3}^{-0.2}$ 的含义,阀杆直径必须保持在哪个范围算合格?

5. 解释下列形位公差意义

| ↗ | 0.03 | A |:

| — | ϕ0.01 |:

| ↗ | 0.05 | A |:

| ⌭ | 0.01 |

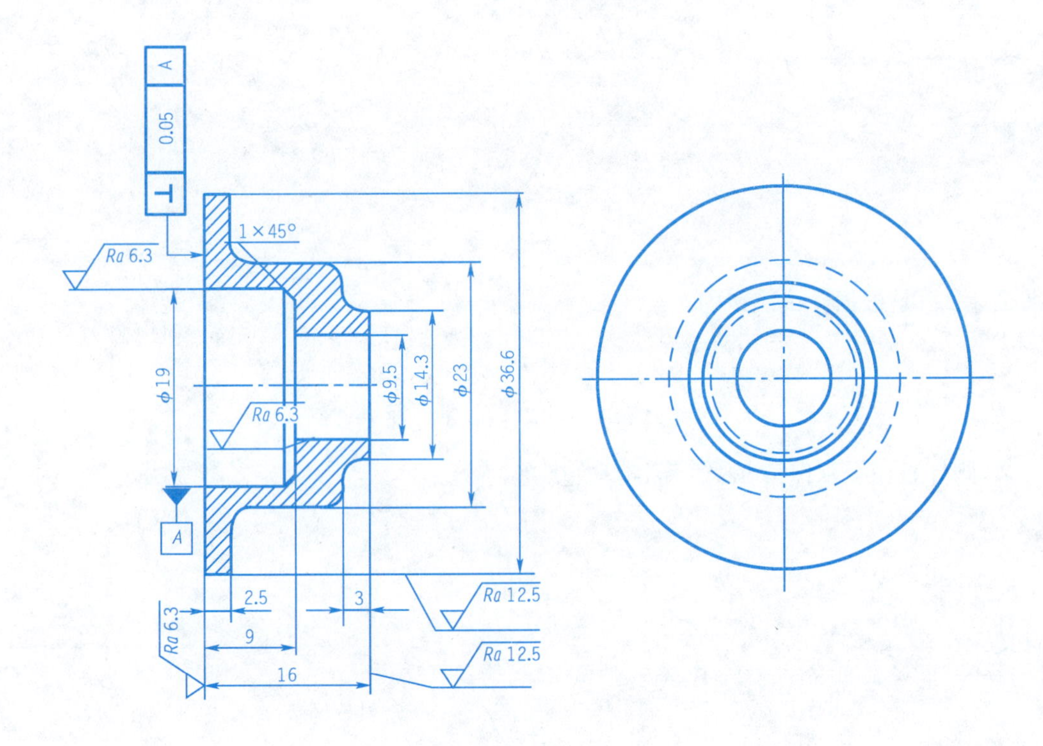

未注圆角 $R2$

名称	材料	比例
气阀弹簧座	T12	1:5

4-6 读零件图做练习(二)

气阀弹簧座读图要求:

1. 零件有__________个视图表达,其中主视图采用__________视图画出。

2. 左右方向的尺寸基准是左端面;上下和前后方向的尺寸基准是__________孔的轴线。

3. 解释 | ⊥ | 0.05 | A | 代号的含义:弹簧左端面对__________孔轴线的垂直度公差为0.05。

4. 左右两端面表面粗糙度有何要求?哪个端面比较重要?

4-7 读零件图做练习(一)

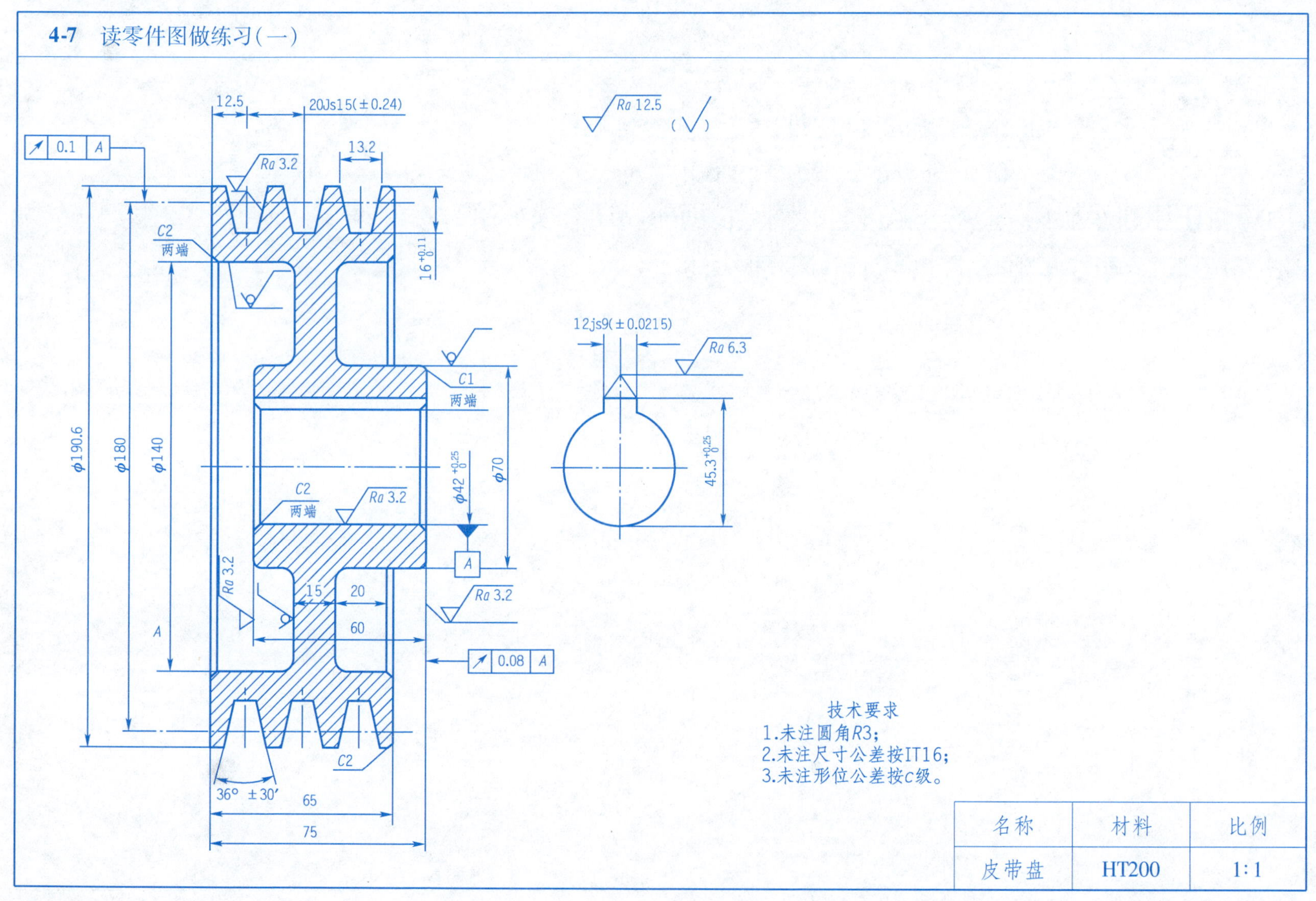

12.5
20Js15(±0.24)
0.1 A
13.2
Ra 3.2
C2
两端
16+0.11 0
Ra 12.5
12js9(±0.0215)
Ra 6.3
C1
两端
φ190.6
φ180
φ140
φ42 +0.25 0
φ70
45.3+0.25 0
C2
两端
Ra 3.2
A
Ra 3.2
15
20
Ra 3.2
60
A
0.08 A
C2
36° ±30′
65
75
技术要求
1.未注圆角R3;
2.未注尺寸公差按IT16;
3.未注形位公差按c级。
名称
材料
比例
皮带盘
HT200
1:1

4-7 读零件图做练习(二)

读图要求:

1. 这个零件的材料是__________,比例为__________,即零件实际尺寸比图形大__________倍。

2. 零件具有三角皮带槽,其总体尺寸:总长__________,总高尺寸________,总宽尺寸__________。

3. 查表得孔 Φ42H7 的上偏差__________,下偏差__________,所以其最小极限尺寸为__________,最大极限尺寸为__________,基本尺寸为__________。

4. | ↗ | 0.08 | A | 表示:被测要素是零件的__________,基准要素是__________。

5. 零件的表面粗糙度为________种,其中最粗糙的 $Ra =$ __________ μm。

4-8 读零件图做练习(一)

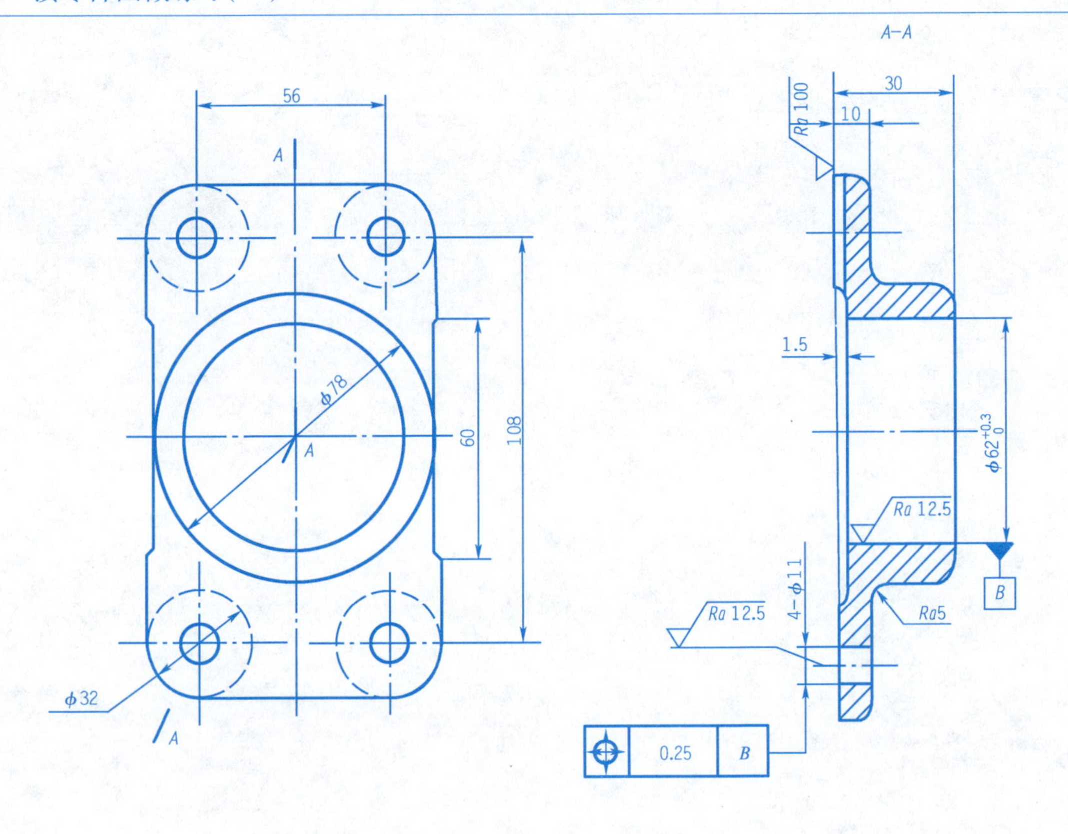

技术要求

1.未注明的铸造圆角均为R3;

2.铸造拔模斜度不大于3°。

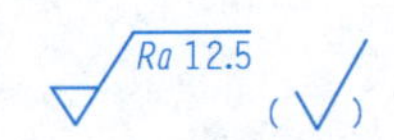

名称	材料	比例
牵引钩前支承座	QT400	1:2

4-8 读零件图做练习(二)

1. 零件名称叫____________________,材料为____________,作图比例为____________。

2. 零件左视图采用的是____________________的剖视图。

3. 零件长度方向的尺寸基准是通过____________轴线,并是长度尺寸____________的对称平面;宽度方向尺寸基准是通过____________轴线并是高度尺寸____________的对称平面。

4. Φ11 四孔的定位尺寸有____________和____________,定形尺寸为____________ mm。

5. 孔 $\Phi 62_{0}^{+0.30}$ 的最大极限尺寸是____________ mm,最小极限尺寸为____________ mm,公差为____________ mm,其表面粗糙度的 *Ra* 值为____________ μm。

6. | ⌖ | 0.25 | B | 表示:基准要素是____________ mm 轴线,被测要素是____________轴线,其位置度公差值为____________ mm。

4-9 读零件图做练习(一)

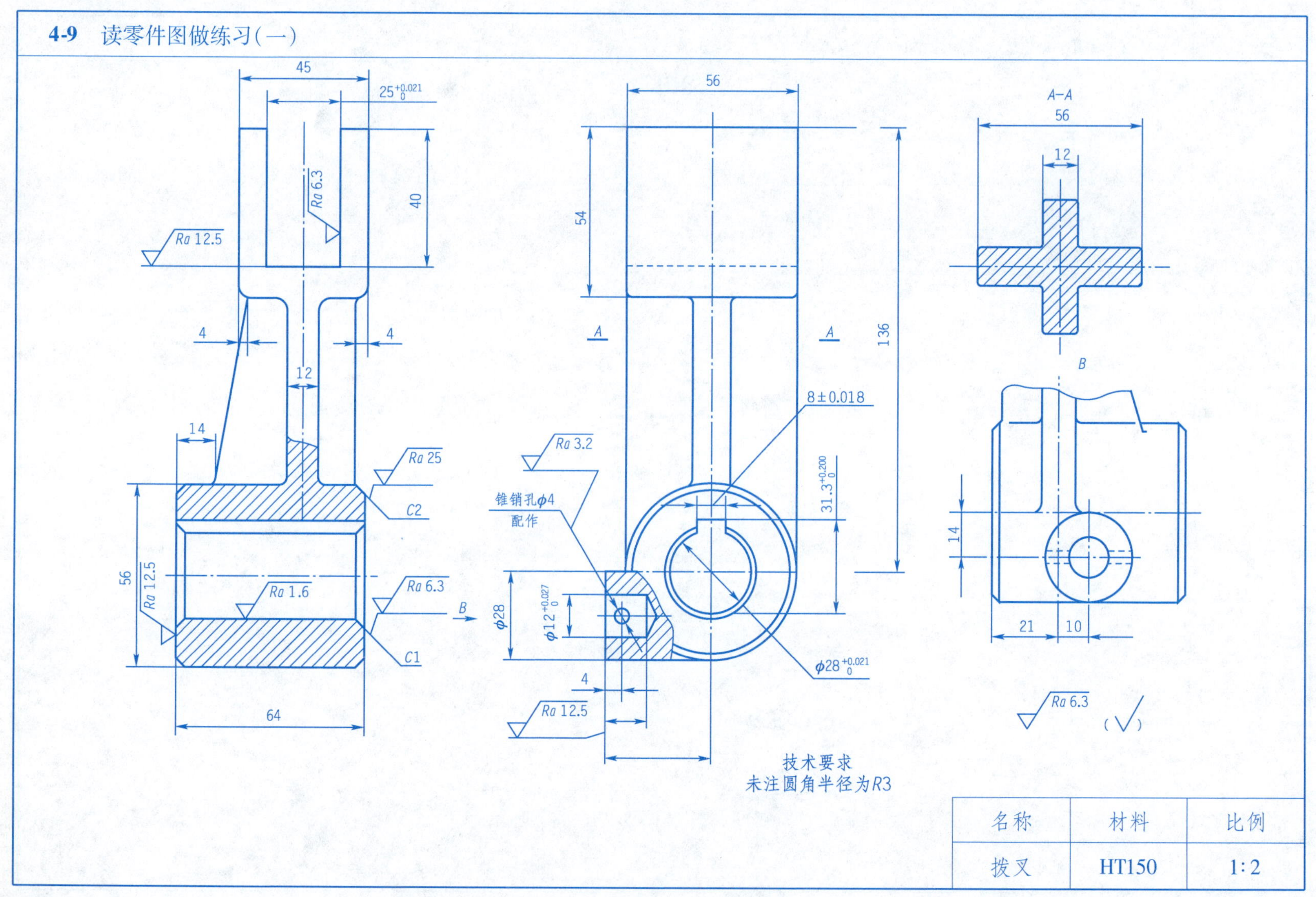

名称	材料	比例
拨叉	HT150	1∶2

4-9 读零件图做练习(二)

1. 该零件的名称为＿＿＿＿＿＿，材料为＿＿＿＿＿＿，基本形体是＿＿＿＿＿＿属于类。该零件图采用的作图比例为＿＿＿＿＿＿，(其含义是＿＿＿＿＿＿＿＿＿＿＿＿＿＿＿＿＿＿＿＿＿＿＿＿＿＿＿)。

2. 该零件的结构形状共用＿＿＿＿＿＿个图形表达，其中＿＿＿＿＿＿、＿＿＿＿＿＿视图采用＿＿＿＿＿＿剖视，另外还用了＿＿＿＿＿＿＿＿＿＿剖面和一个＿＿＿＿＿＿＿＿＿＿视图。

3. 该零件上键槽的长度是＿＿＿＿＿＿，宽度为＿＿＿＿＿＿，深度为＿＿＿＿＿＿。

4. $25_{0}^{+0.021}$ 表示其基本尺寸为＿＿＿＿＿＿，上偏差为＿＿＿＿＿＿，下偏差＿＿＿＿＿＿为，最大极限尺寸为＿＿＿＿＿＿，最小极限尺寸＿＿＿＿＿＿为，公差为＿＿＿＿＿＿。

拨叉立体图

单元五　常用零件的画法

5-1　改正下列螺纹规定画法中的错误,并将正确的图画在下面空白处

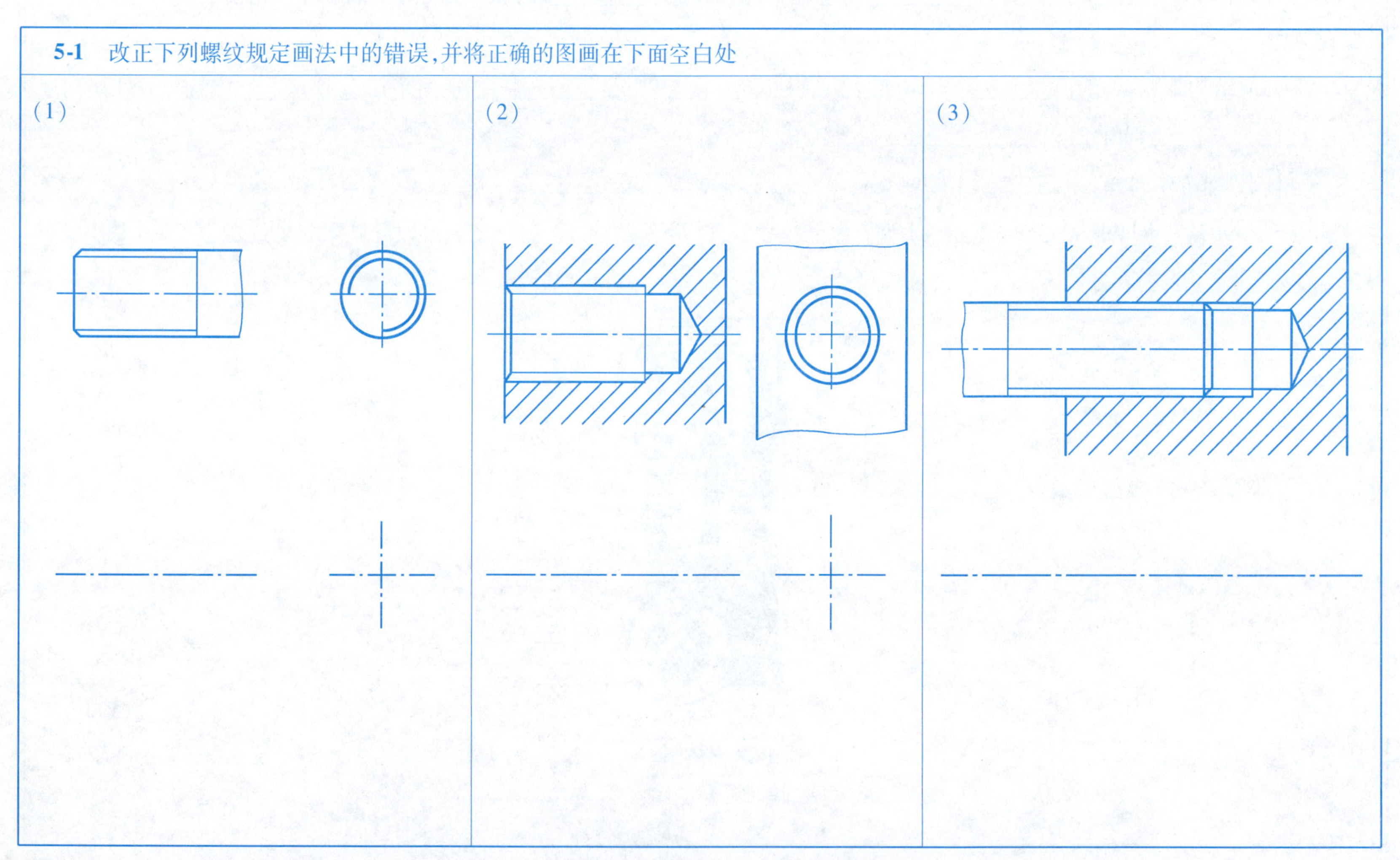

5-2　说明下列螺纹代号的含义

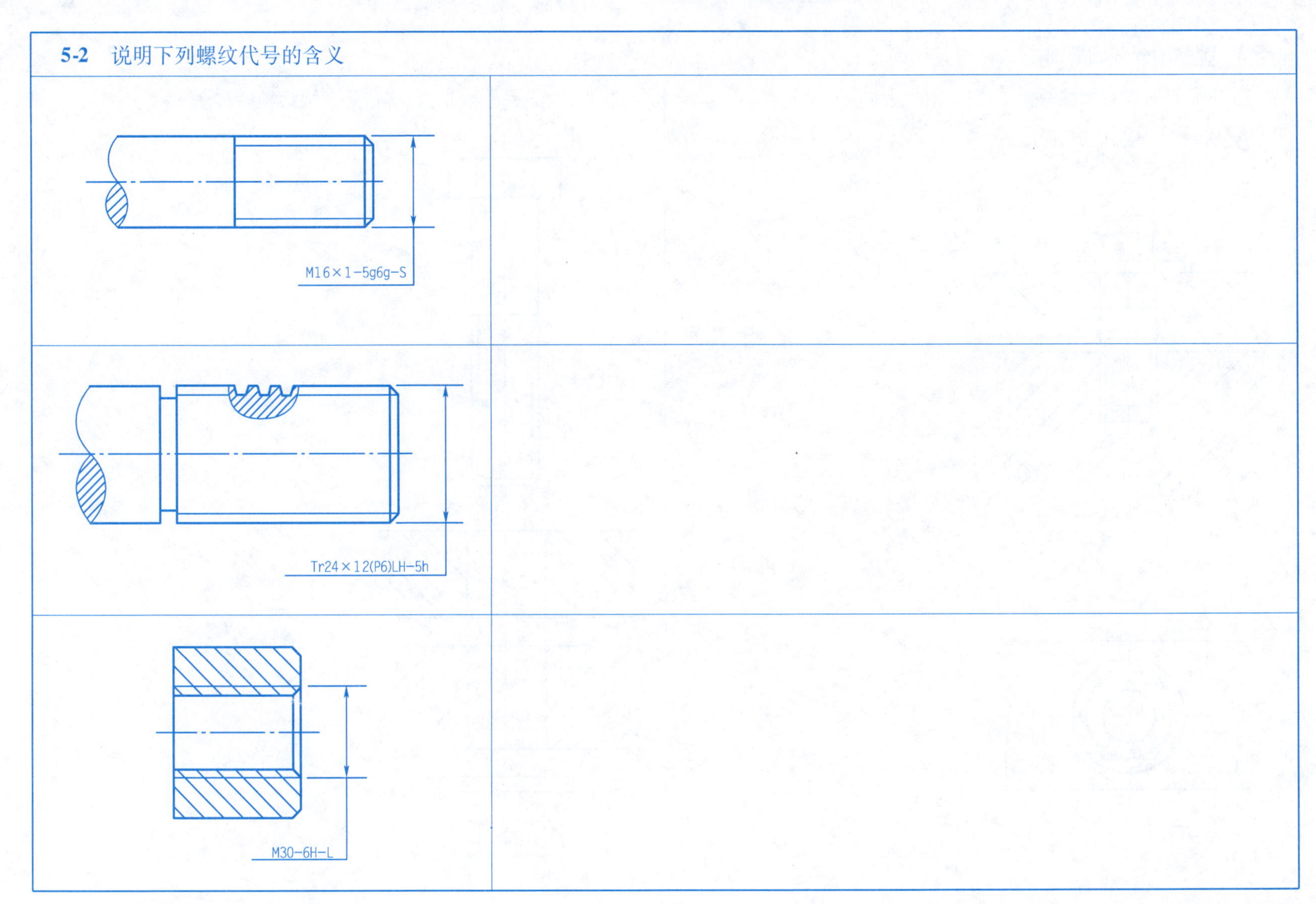

5-3 补画漏线和画装配图

(1)补画下列双头螺柱联接中所遗漏的图线。

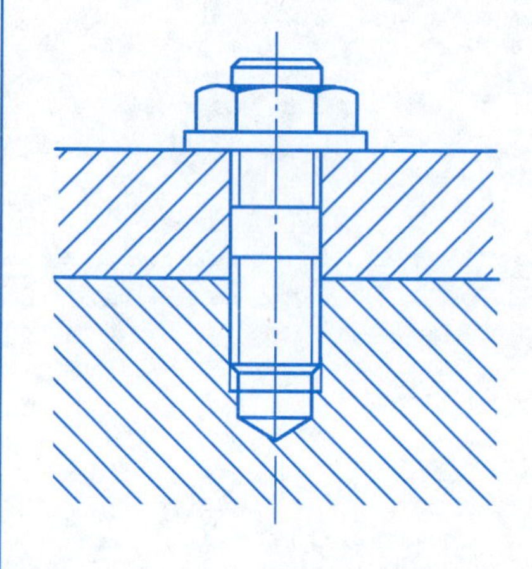

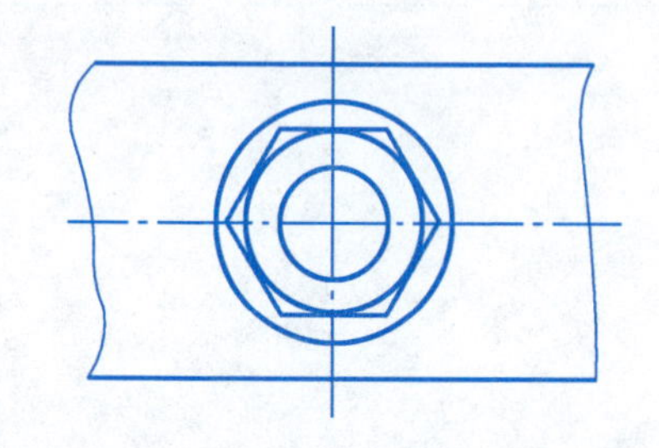

(2)把六角头螺栓、垫圈、螺母等画成螺栓联接图。

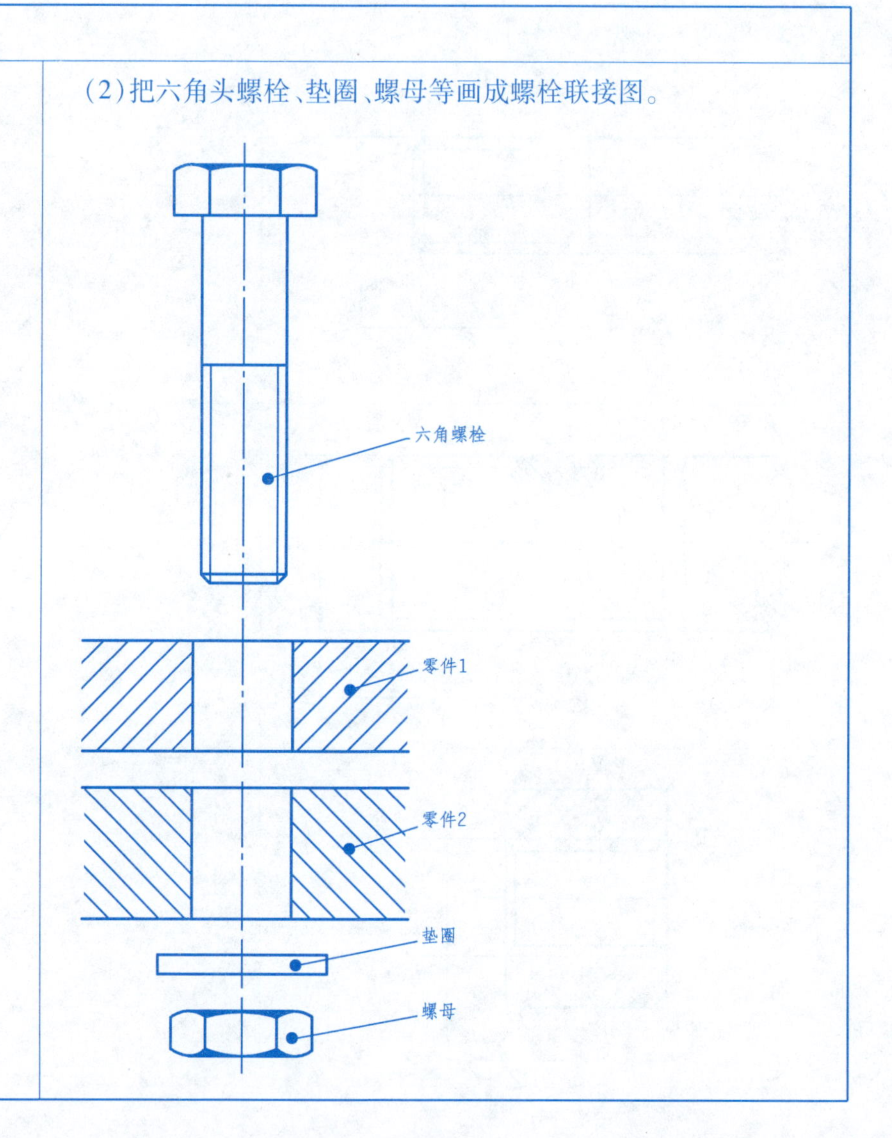

5-4 说出下列联接用键的名称，并指出下列连接画法中的错误

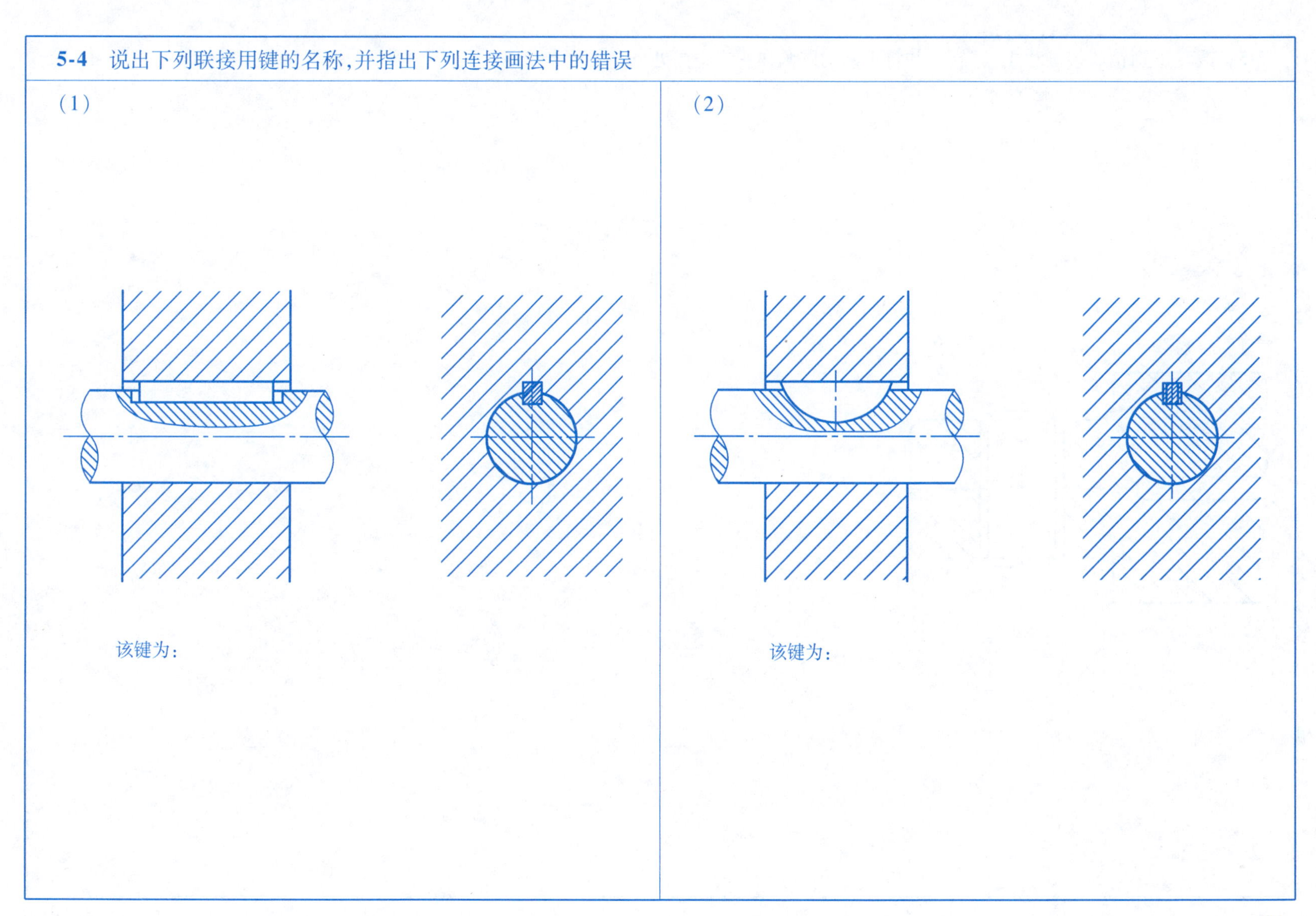

5-5 改正下列销联接画法中的错误,并将正确的图画在右边空白处

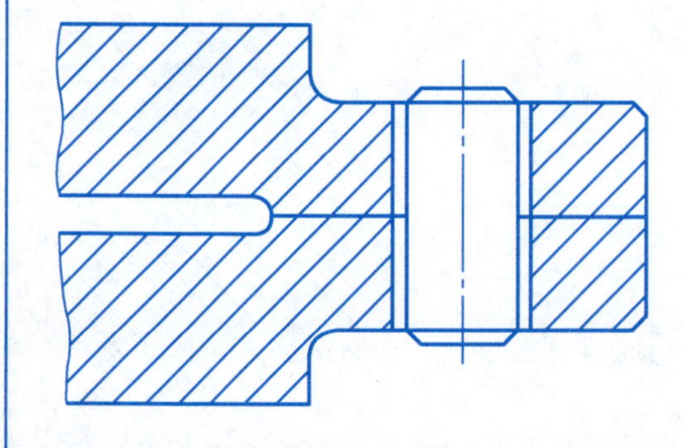

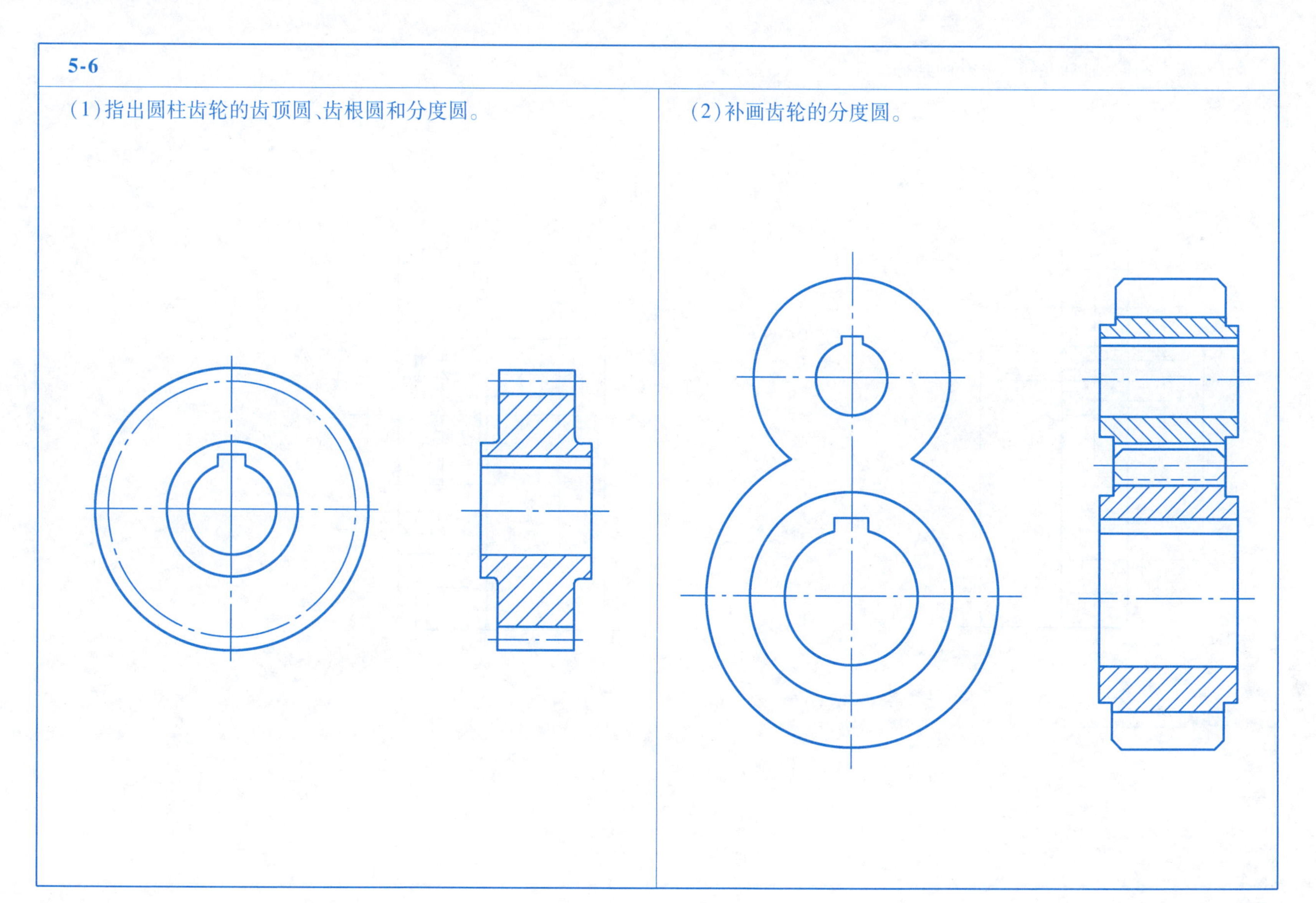
5-6
(1)指出圆柱齿轮的齿顶圆、齿根圆和分度圆。
(2)补画齿轮的分度圆。

5-7 说出滚动轴承的名称,并补画其特征画法

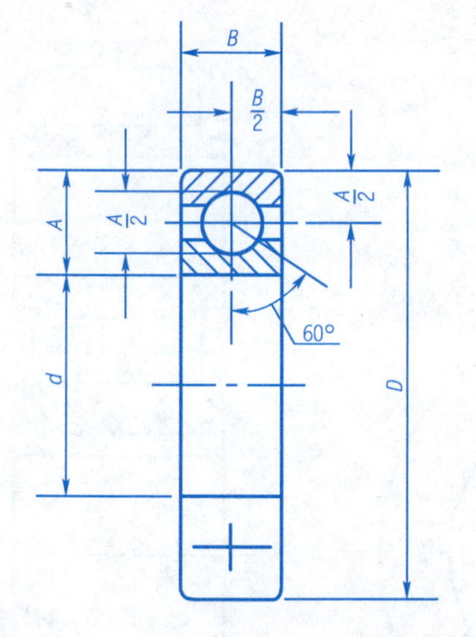

名称:____________

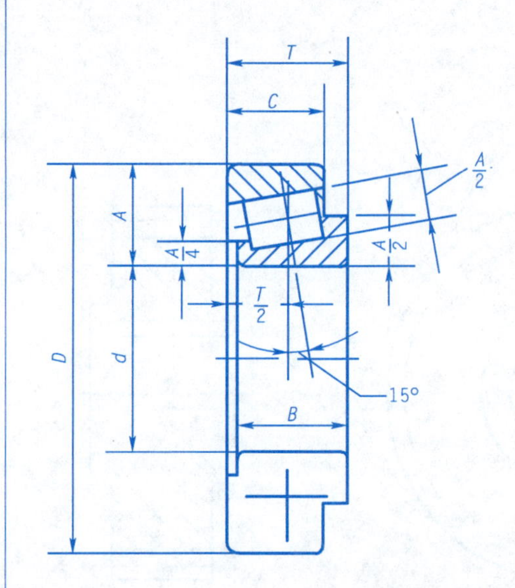

名称:____________

单元六 装 配 图

6-1 识读装配图，并填空

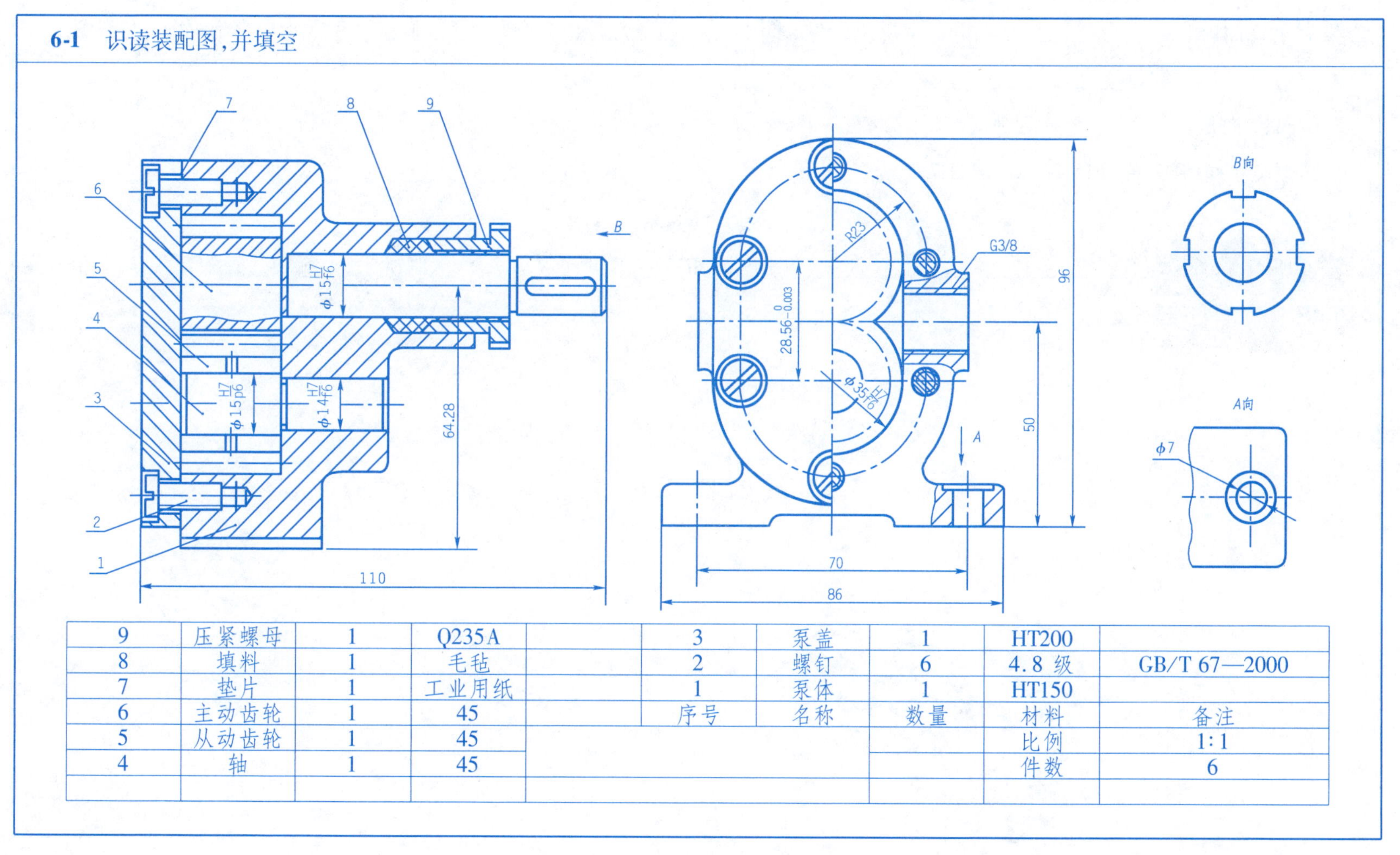

9	压紧螺母	1	Q235A		3	泵盖	1	HT200	
8	填料	1	毛毡		2	螺钉	6	4.8 级	GB/T 67—2000
7	垫片	1	工业用纸		1	泵体	1	HT150	
6	主动齿轮	1	45		序号	名称	数量	材料	备注
5	从动齿轮	1	45					比例	1:1
4	轴	1	45					件数	6

6-2 看懂齿轮油泵的装配图后填空

1. 该装配体的名称是________________，比例是________________，共有________________种(14 个)零件组成。

2. 该装配图由________________个 视图组成，主视图采用________________视图和________________个局部剖视图，左视图采用________________视图和________________个________________视图表达。

3. A 向、B 向是________________视图。

4. 图中尺寸 Φ15H7/f6、Φ15H7/p6、Φ14H7/f6 是________________尺寸，110、86、96 是________________尺寸；70 是________________尺寸。

5. Φ15H7/p6 表示________________制________________配合，Φ35H7/f ________________制________________配合。

6. 垫片 7、填料 8 起______________________________作用。

机械识图习题集解

单元一　图样的基本知识

1-1　简答下列问题
1. 图的作用主要是用于表达物体的什么？ 答：图的作用主要是用于表达物体的结构、形状。
2. 工程图样有何用处？ 答：用处①是设计人员构思的表达方式；②是技术人员加工时的依据；③是设计人员与加工人员的交流平台；④是企业的重要技术资料。
3. 按图的画法方式，机械工程常用的图样类型分有哪几种？ 答：按图的画法方式分有①视图（正投影图）；②轴测投影图（轴测图）。
4. 机械工程常用的图样类型分有几种？ 答：①零件图；②装配图。
5. 图样中点、线、数字及文字的作用分别是什么？ 答：图样中各部分的作用为点、线构成图来表达物体的结构和形状；数字表示大小及位置；文字表示其他内容。

1-2 简答下列问题

1. 什么叫图线？

答：图中所采用的各种型式的线，多称为图线。

2. 图线是组成图形的基本要素，举例说明三种常用的基本线型及用途。

答：例如：①粗实线，主要用于图形中可见的轮廓线；②虚线，主要用于图形中不可见的轮廓线；③细点画线，主要用于图形中的对称中心线、中心轴线等。

3. 同一图样中，图线宽度的选择方法有哪些？

答：有粗线、中粗线和细线三种线宽时，宽度比率为4∶2∶1。同一类图线的宽度应一致。

4. 找出下列a)、b)图形中的图线错误画法，在其右边画出正确的图线图形。

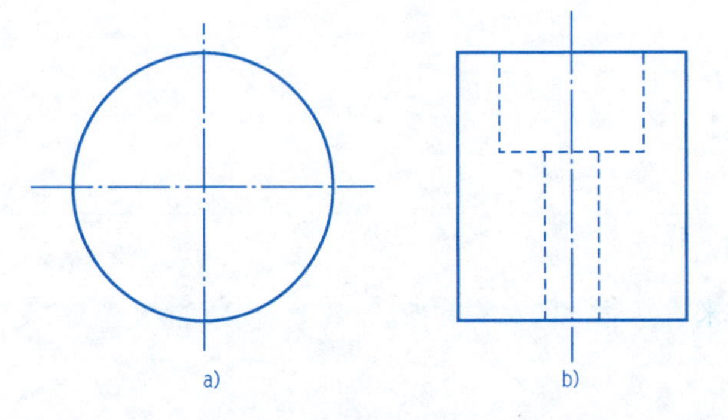

1-3　图线练习、字体练习

字体端正笔划清楚排列整齐长仿宋字体正确整洁合乎标准

字体端正笔划清楚排列整齐长仿宋字体正确整洁合乎标准

字体端正笔划清楚排列整齐长仿宋字体正确整洁合乎标准

A B C D E F G H I J K L M N O Q R S T U V W X Y Z

a b c d e f g h i j k l m n o q r s t u v w x y z

A B C D E F G H I J K L M N O Q R S T U V W X Y Z

a b c d e f g h i j k l m n o q r s t u v w x y z

1-4 尺寸注法练习

1. 填写尺寸数值(从图中量取整数标注)。

(1)

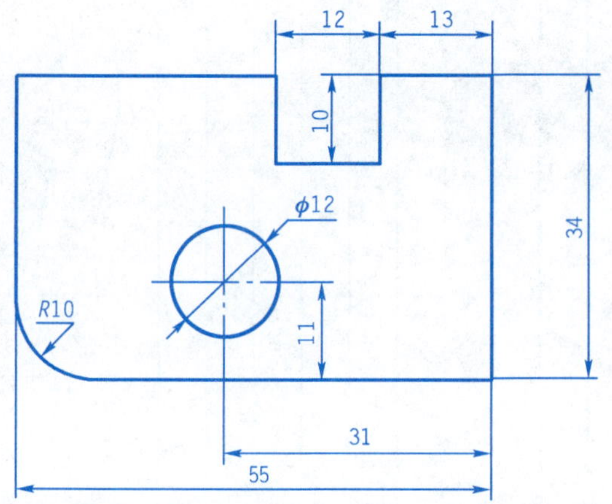

(2)

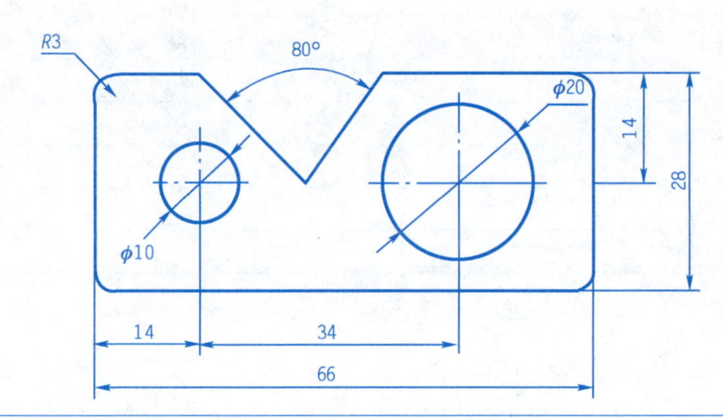

2. 标注圆的直径尺寸。

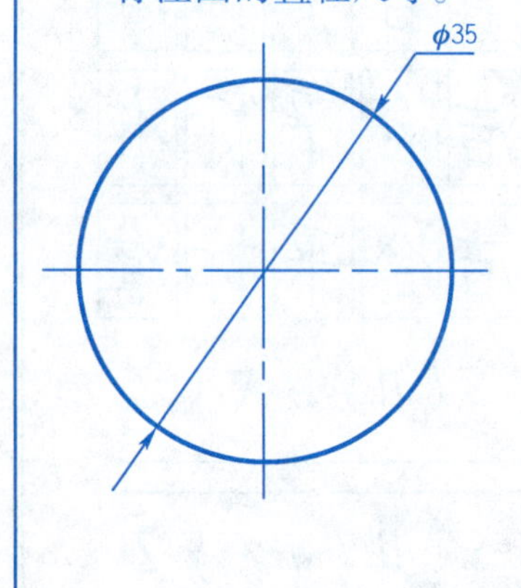

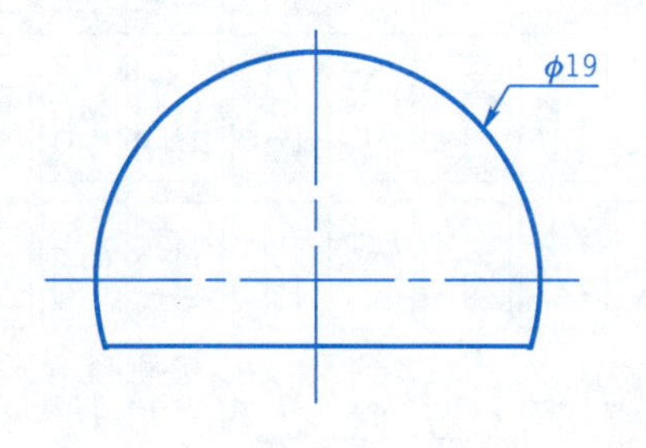

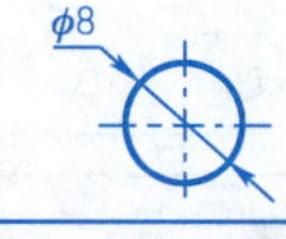

3. 标注圆弧的半径尺寸。

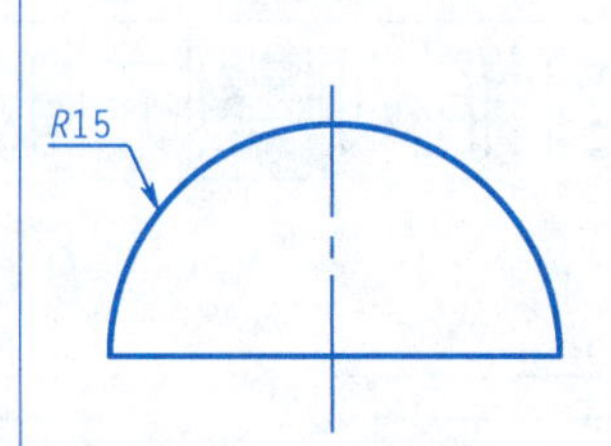

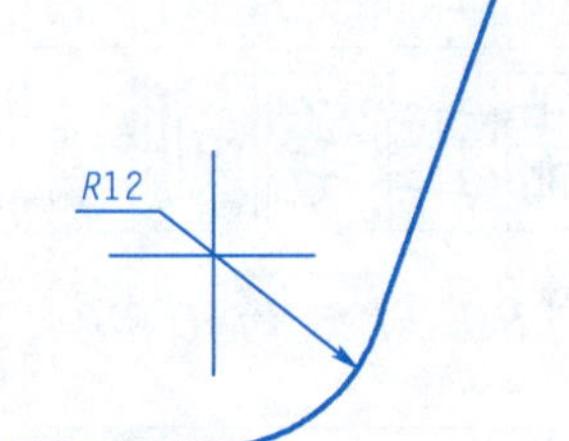

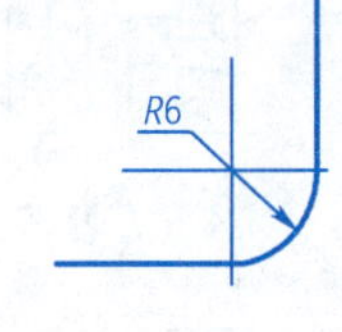

1-5 尺寸注法练习

1. 找出图中尺寸标注的错误,并在另一图中正确注出。

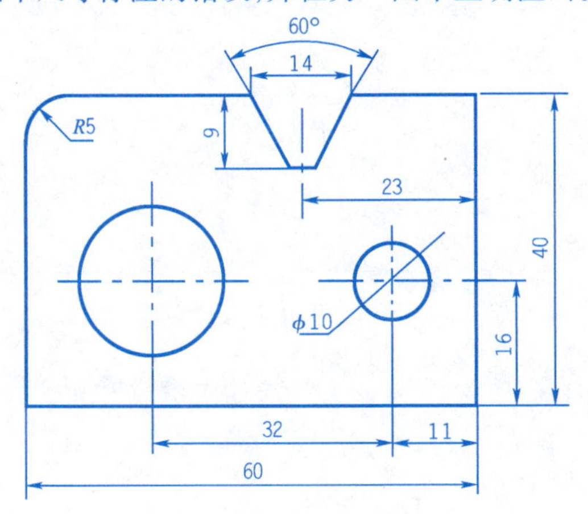

2. 标注尺寸（从图中量取整数标注）。

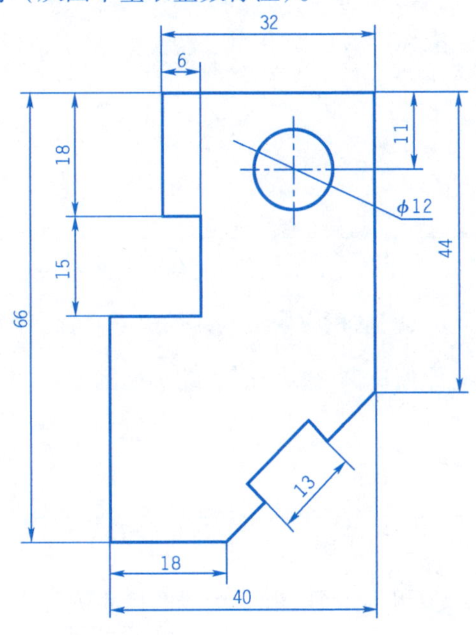

1-6 简答题

1. 国家标准规定图纸幅面有几种?

答:有五种规格,A0 ~ A4,其中 A0 最大,A4 最小。

2. 比例的概念是什么?常用的比例有哪些类型?

答:图中图形与其实物相应要素的线性尺寸之比,称为比例。

常用的比例有原值比例、放大比例、缩小比例。

3. 请用 1:1 和 1:2 的比例,绘制下列图形。

绘图提醒:如按 1:1 比例画图时,图线的尺寸按所给数字量;如按 1:2 的比例画图时,图线的尺寸则按所给数字的 1 /2 来量。

(图略)

1-7 斜度和锥度练习

1. 参照所示图形，按所示数值完成图形，并标注尺寸和斜度代号。

作图步骤：

(1)先画直线段60、8和12；

(2)过O点画一水平线，在其上取2个单位长，得A点；

(3)过A点画一垂直线，在其上取1个单位长，得B点；

(4)连接O、B并延长。如图所示。

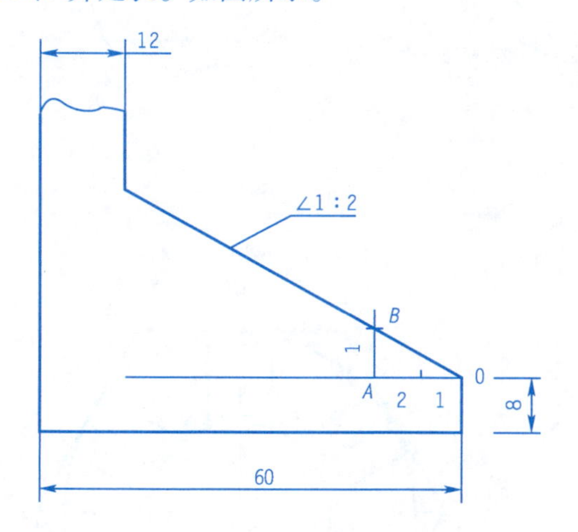

2. 参照所示图形，按所示的数值画全图形轮廓，并标注尺寸和锥度代号。

作图步骤：

(1)从直径28的左端面往右量取35，得点O；

(2)在O水平线上取5个单位长；

(3)过"5"点在垂直线上取1/2单位长，得A点；连接OA；

(4)过点E画OA的平行线；

(5)根据对称性，完成下部分的图形，如图所示。

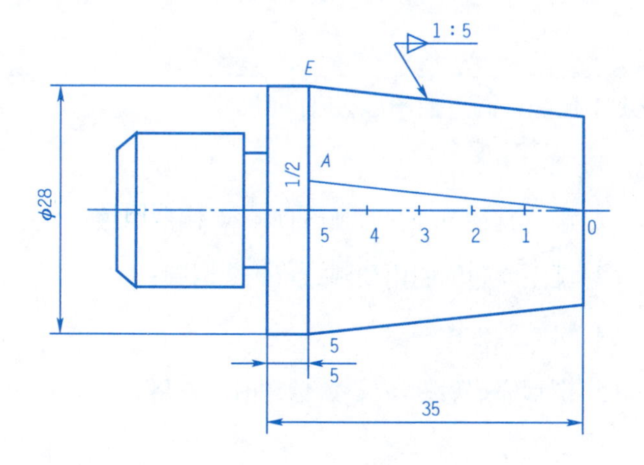

1-8 等分圆周、几何作图练习

1. 作图。

(1)作圆的内接正六边形。 (2)作圆的内接正三、十二边形。 (3)作圆的内接正四、八边形。 (4)作圆的内接正五边形。

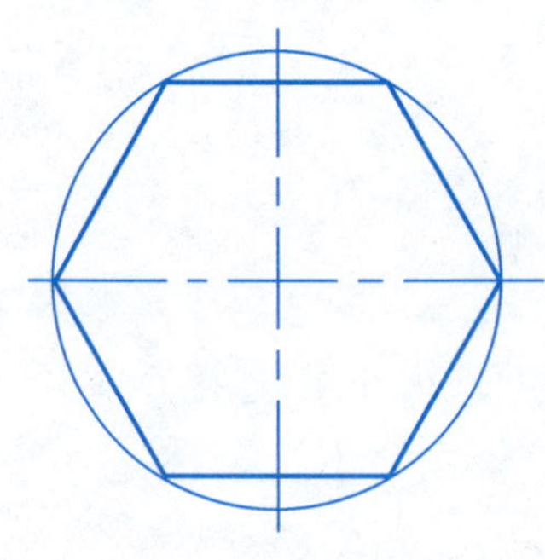

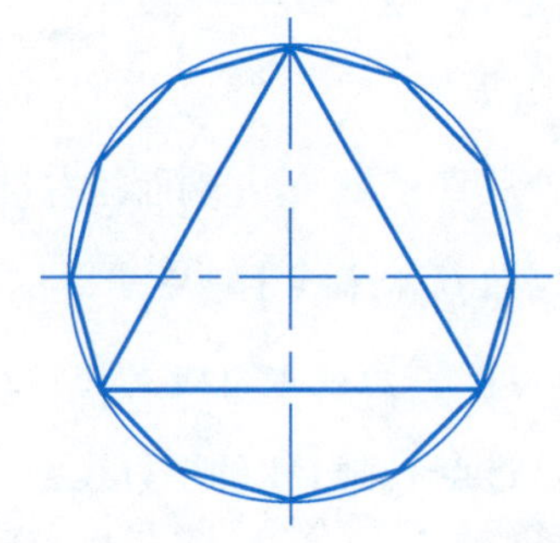

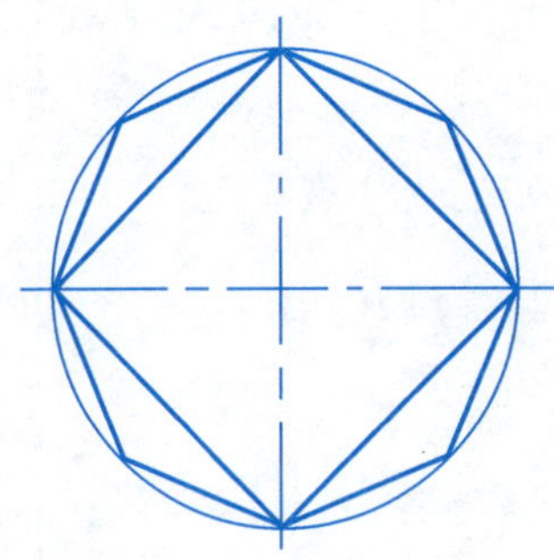

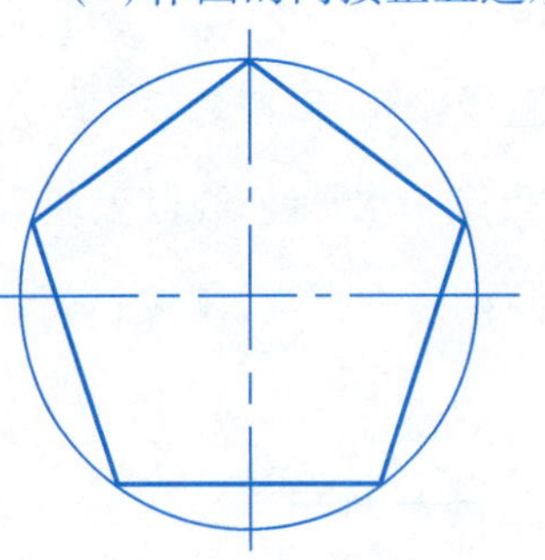

2. 按 1:1 比例抄画下面图形,并标注尺寸。

提醒:(1)先画中心线;

(2)画一直径 50 的圆,画出直径 50 圆的内接正六边形;

(3)画正六边形的内切圆,直径 22 的圆;

(4)再画其他图线;

(5)图形完成后标注尺寸,标注时注意格式。

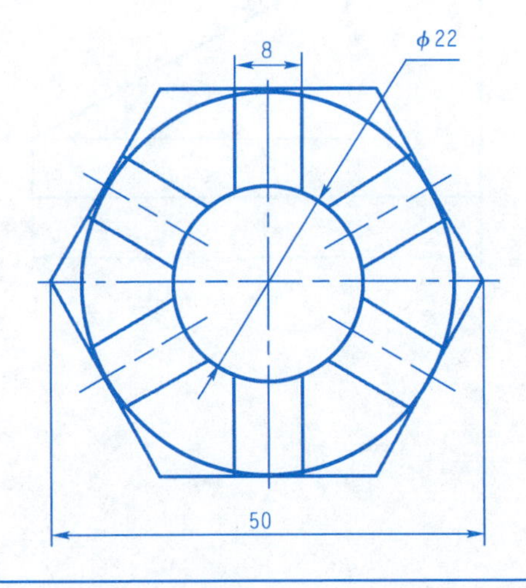

1-9 参考图例，按所给的 R 尺寸，完成圆弧连接

1. 两直线的圆弧连接。

作图步骤：

(1)以 R 为尺寸，画两直线的平行线得交点 O；

(2)过 O 画两直线的垂直线，得到切点 A、B；

(3)画出两切点 A、B 间的圆弧。

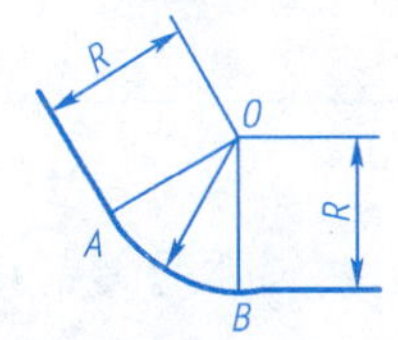

$R=15$

2. 两圆弧间内切与外切的圆弧连接。

(1)以 O_1 为圆心，以 $R-R_1$ 为半径画圆弧，以 O_2 为圆心，$R+R_2$ 为半径画圆弧；两圆弧的交点 O，即为圆心；

(2)连接 O、O_1 和 O、O_2 得到切点 A、B；

(3)以 O 为圆心，以 R 为半径，画出 AB 间的圆弧，如图所示。

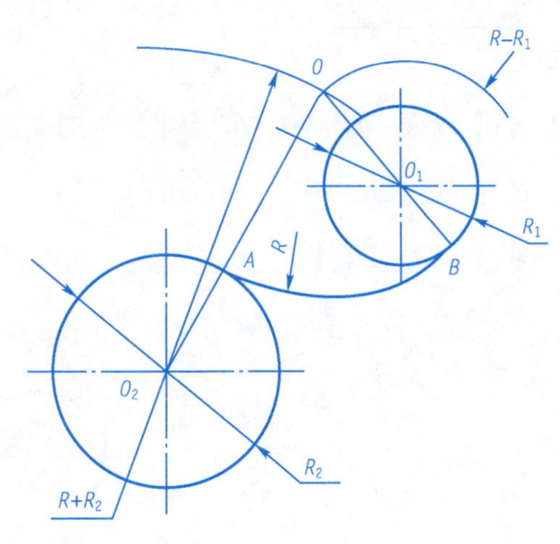

3. 直线与圆弧间的圆弧连接。

作图步骤：

(1)以 O_1 为圆心，以 $R+R_1$ 为半径画圆弧，以 R 为尺寸画直线的平行线，圆弧与直线的交点即为圆心 O；

(2)连接 O_1、O 得到切点 A，过 O 作直线的垂直线得到垂直点 B，B 即为切点；

(3)以 O 为圆心，以 R 为半径，画出 A、B 两点间的圆弧。

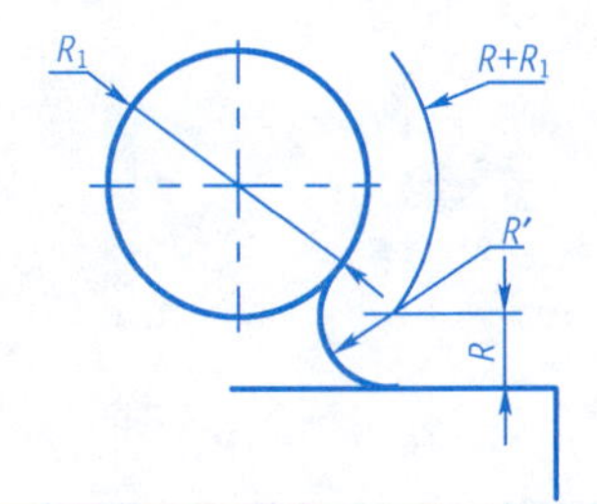

1-10 已知连接圆弧半径 $R50$ 和 $R28$，完成下列图形的圆弧连接，标出圆心和切点（保留作图线）

作图步骤：

1. 画外切圆弧

（1）以 O_1 为圆心，以 $R+R_1=28+R_1$ 为半径画圆弧，以 O_2 为圆以 $R+R_2=28+R_2$ 为半径画圆弧，两圆弧的交点 O_3，即为圆心；

（2）连接 O_1、O_3 得切点 A，连接 O_2、O_3 的切点 B；

（3）以 O_3 为圆心，以 $R=28$ 为半径，画出 A、B 两切点间的圆弧。如图所示。

2. 画内切圆弧

（1）以 O_1 为圆心，以 $R-R_1=60-R_1$ 为半径画圆弧，以 O_2 为圆心，以 $R-R_2=60-R_2$ 为半径画圆弧，两圆弧的交点 O_4，即为圆心；

（2）连接 O_1、O_4 得切点 E，连接 O_2、O_4 得切点 F；

（3）以 O_4 为圆心，以 $R60$ 为半径，画出 E、F 两切点间的圆弧。

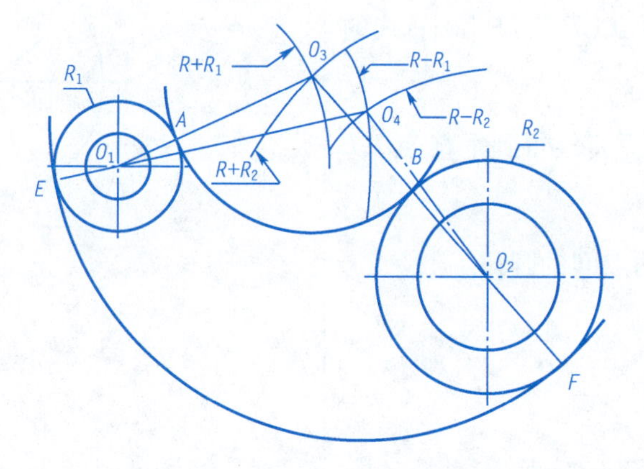

1-11 按 1∶1 比例绘制挂钩的平面图形，并标注尺寸（图绘制在 A4 的图纸上）完成填空

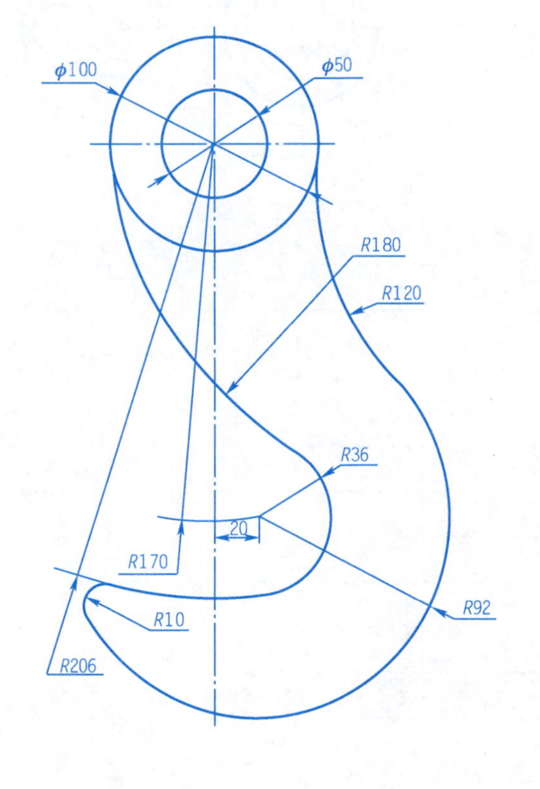

1. 分析图形中的线段。

（1）已知线段有Φ100、Φ50、R170、R206______。

（2）中间线段有R36、R92______。

（3）连接线段R10、R180、R120______。

2. 分析图形中的尺寸。

（1）定形尺寸有Φ100、Φ50、R170、R206______。

（2）定位尺寸有R170、20______。

画图提示：在准备好 A4 图纸后，在图纸上先画好图框、标题栏，布置好图的大概位置。

作图步骤：先画已知线段；

再画中间线段；

最后画连接线段。

在完成图形后，标注尺寸。

1-12 徒手画出下列图形(比例 1:2)

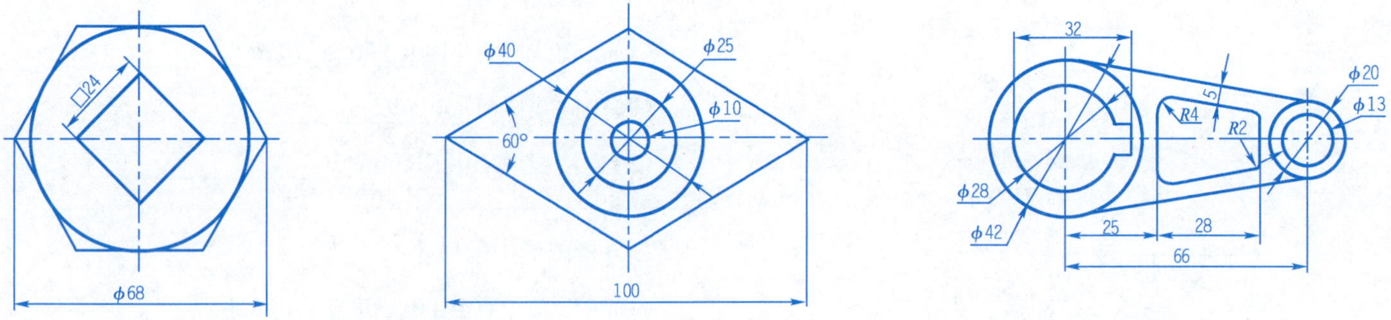

□24

ϕ68

ϕ40

ϕ25

ϕ10

60°

100

32

5

ϕ20

ϕ13

R4

R2

ϕ28

ϕ42

25

28

66

提示:先画中心线,再画轮廓线,最后标注尺寸

(图略)

单元二　投影作图

2-1　投影知识练习，请简答下列问题
1. 投影法的分类有哪些？ 答：投影法分为中心投影、平行投影，平行投影又分为正投影和斜投影。
2. 三视图三个投影面的组成及中文、英文名称分别是什么？ 答：三视图三个投影面中由 *XOZ* 平面组成正投影面，英文名字 *V*；由 *XOY* 平面组成水平投影面，英文名字 *H*；由 *YOZ* 平面组成侧投影面，英文名字 *W*。
3. 三视图中每个视图的名称？ 答：三视图中，*V* 投影面的投影为主视图；*H* 投影面的投影为俯视图；*W* 投影面的投影为左视图。
4. 三视图中每个视图分别表示了哪两个方向的尺寸？ 答：主视图表达长度和高度方向尺寸；俯视图表达长度和宽度方向尺寸；左视图表达宽度和高度方向尺寸。
5. 在 *V*、*W*、*H*、三维体系中，平行 *X* 轴量的是哪个方向的尺寸？平行 *Y* 轴量的是哪个方向的尺寸？平行 *Z* 轴量的是哪个方向的尺寸？ 答：在 *V*、*W*、*H*、三维体系中，平行 *X* 轴量的是长度方向尺寸；平行 *Y* 轴量的是宽度方向尺寸；平行 *Z* 轴量的是高度方向尺寸。

2-2　对照直观图，在(　)内填写物体的方位

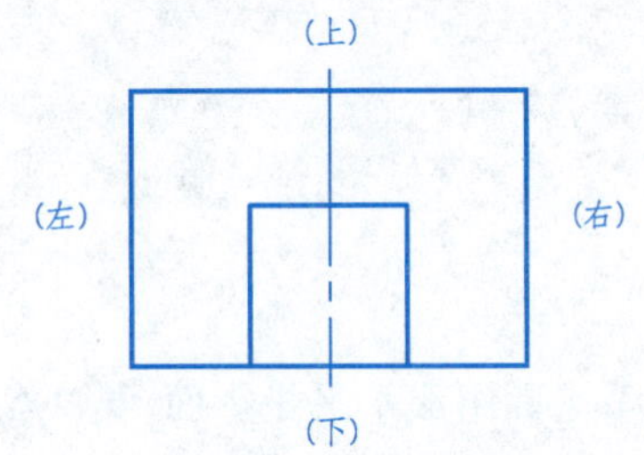

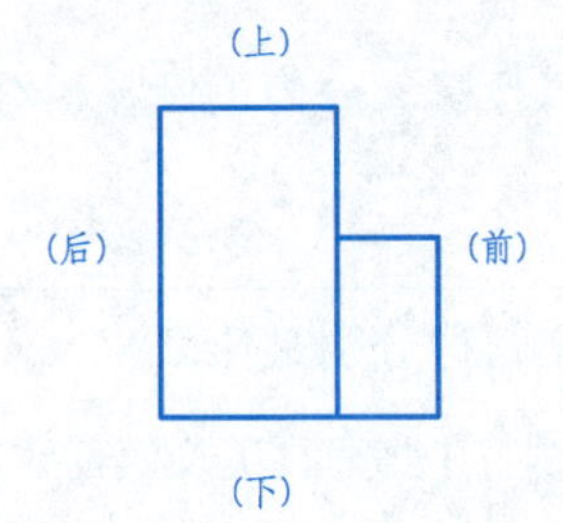

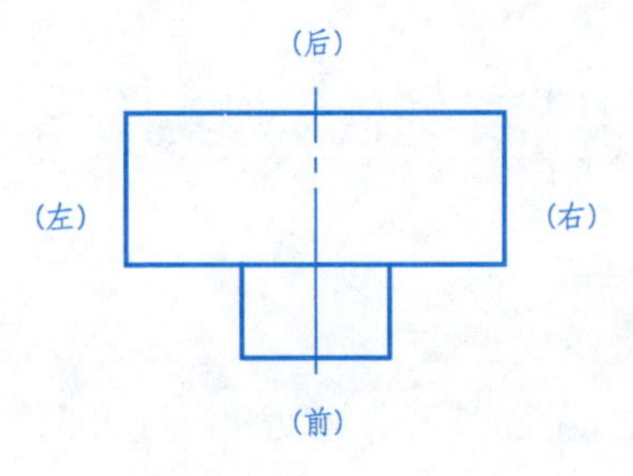

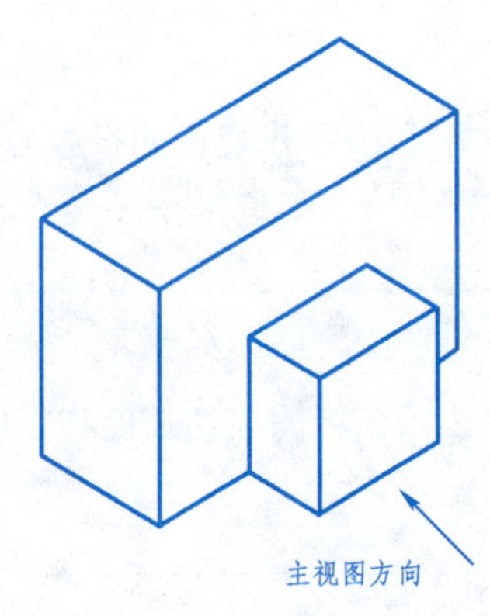

2-3 识读以下各组视图，并将上方对应的轴测图序号填在圆圈内

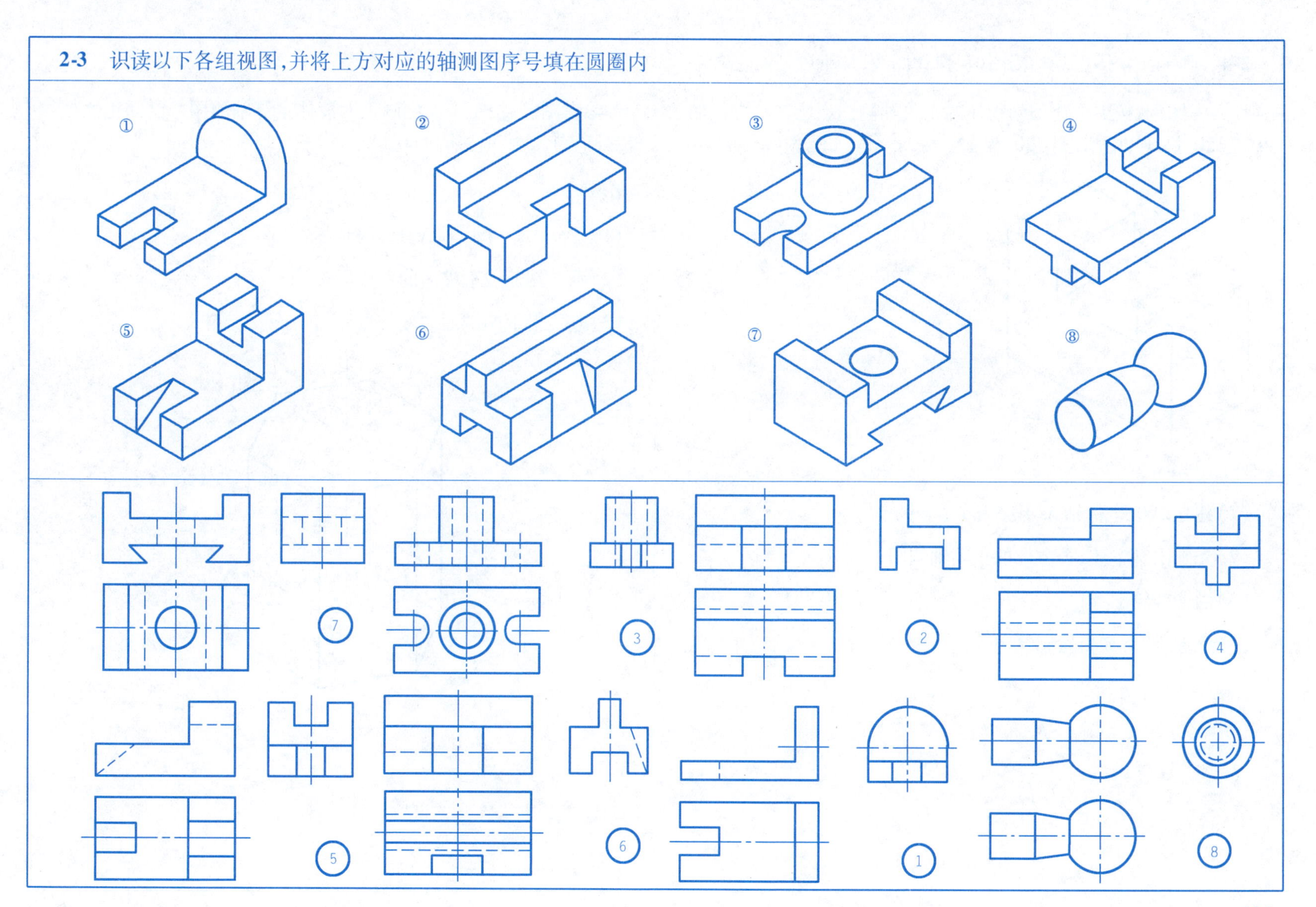

2-4 画平面立体正等轴测图(保留作图线,加粗可见的轮廓线)

1. 参考图例,按 1∶1 比例画物体的正等轴测图。已知长方体的长 40、宽 20、高 30,中间槽长 20、深 12。

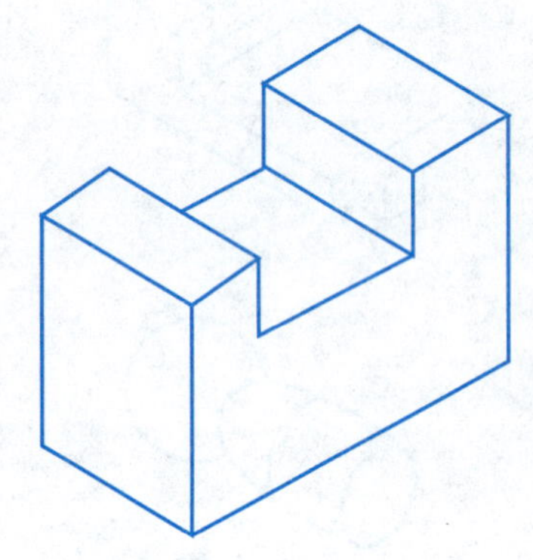

作图步骤:

(1)建立 120°坐标轴 X、Y、Z 和 O;

(2)先画出基本体,长方体的正等轴测图;

(3)画槽的轮廓线;

(4)整理,然后加粗轮廓线。

(图略)

2. 参考图例,按 1∶1 比例画正六棱柱正等轴测图。已知正六棱柱外接圆直径 34 和柱体高 60。

作图步骤:

(1)建立 120°坐标轴 X、Y、Z 和 O;

(2)画上端面或下端面的六边形;

(3)连接上下两端面的六个点

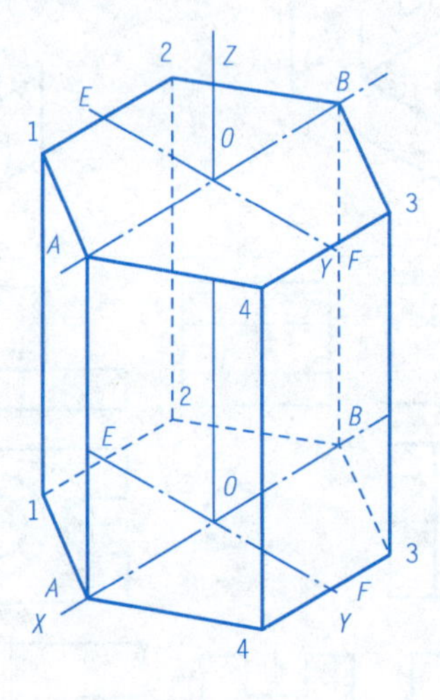

2-5 读三视图画正等测轴测图(一)

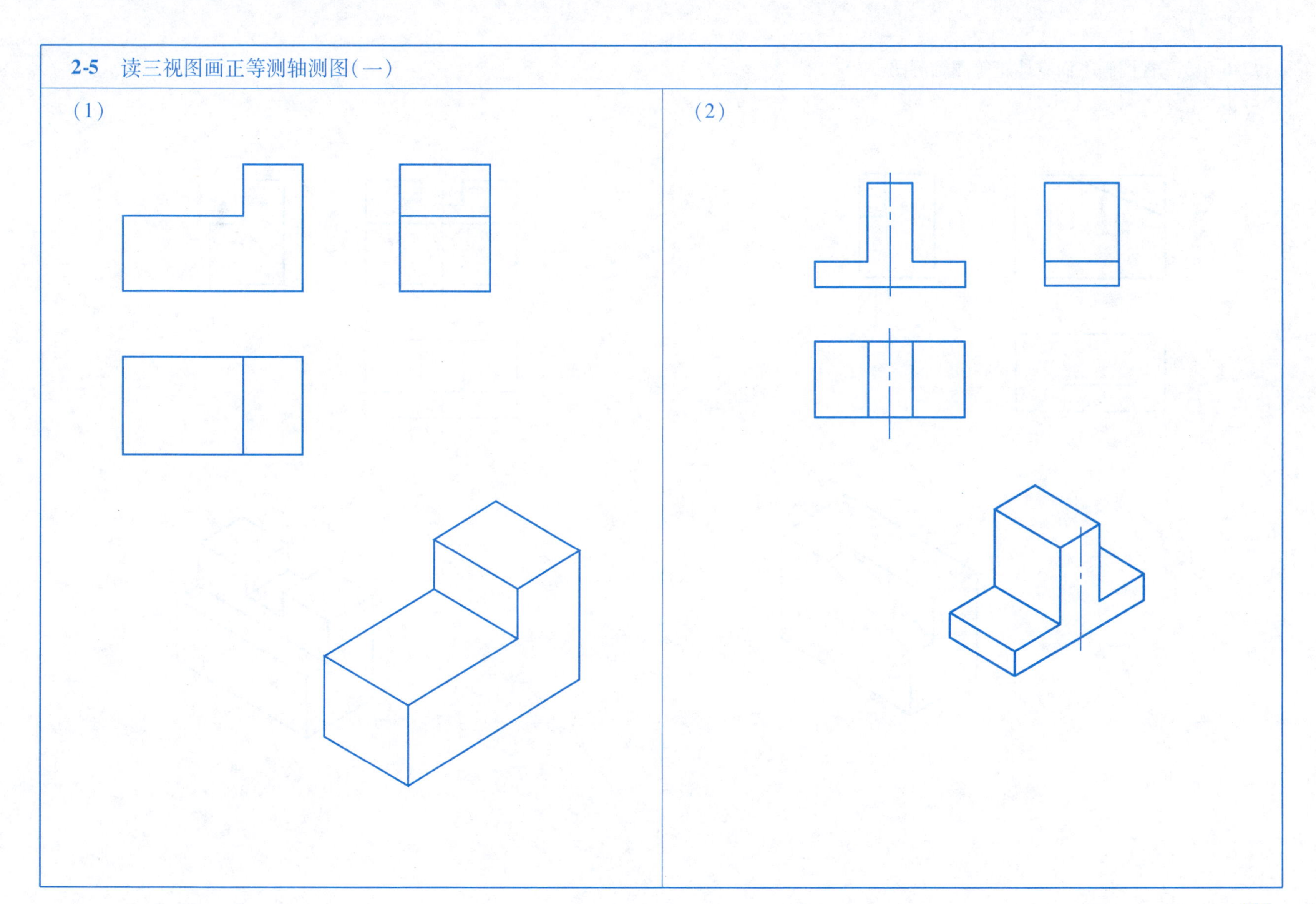

2-6 读三视图画平面立体正等测轴测图(二)

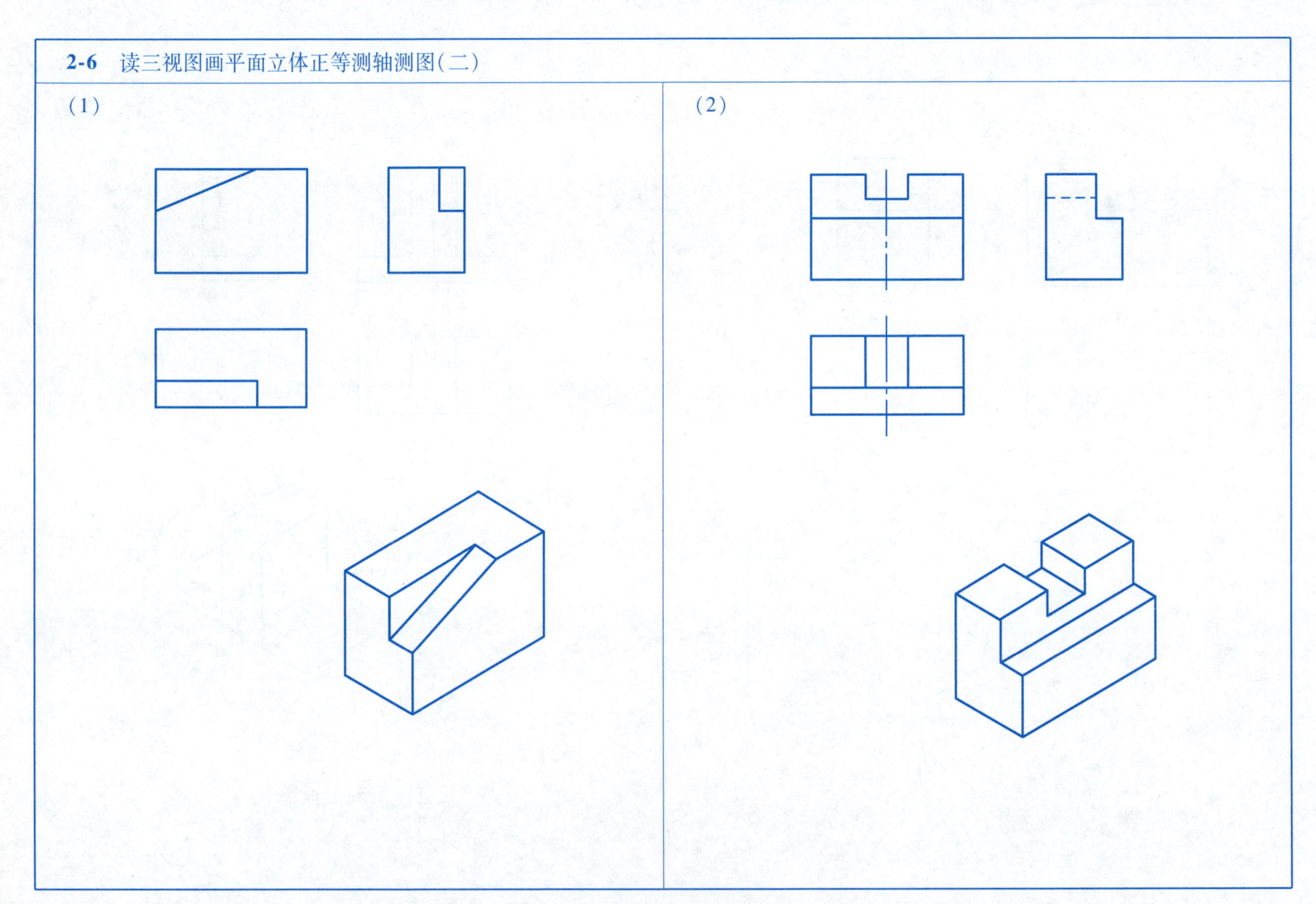

2-7 参考图例，根据所给尺寸条件，按 1:1 比例画斜二测图

（1）已知圆柱的直径 30，宽度方向尺寸为 40。

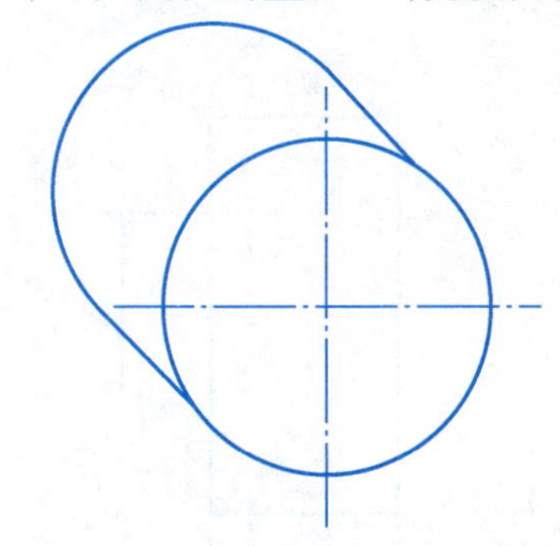

作图步骤：

①画出一个直径为 30 的圆；

②过圆心画 45°的 Y 轴线；

③把前面的圆心沿着 Y 轴方向往后移动 1/2 的宽度方向尺寸 20；

④过后面的圆心画直径 30 的圆；

⑤画两条切线。

（2）已知外圆柱面直径 30，内孔圆的直径 16，圆心到底面的高 36，宽度方向尺寸 20。

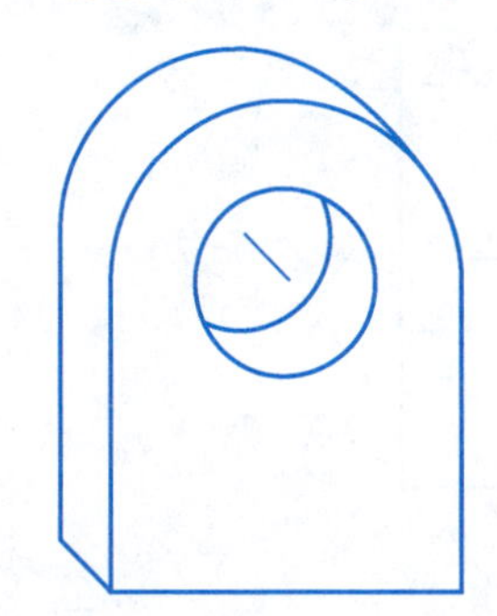

作图步骤：

①按已知尺寸画出一个与图例形状相同的图形；

②往后移动圆心，画图形后面的轮廓线。

③画图中前后两圆弧切线

2-8 读三视图画斜二测轴测图

(1)

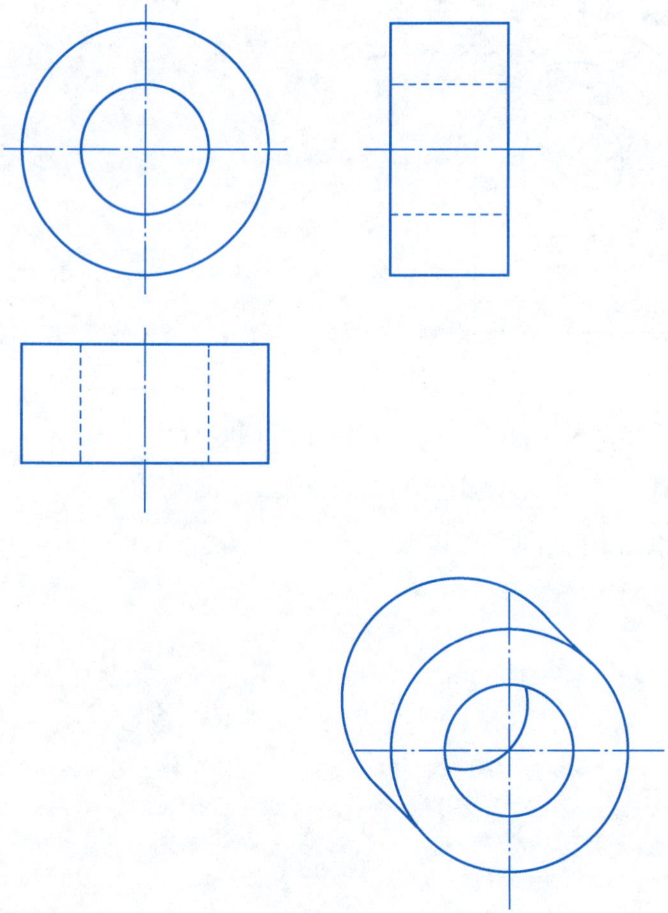

(2)

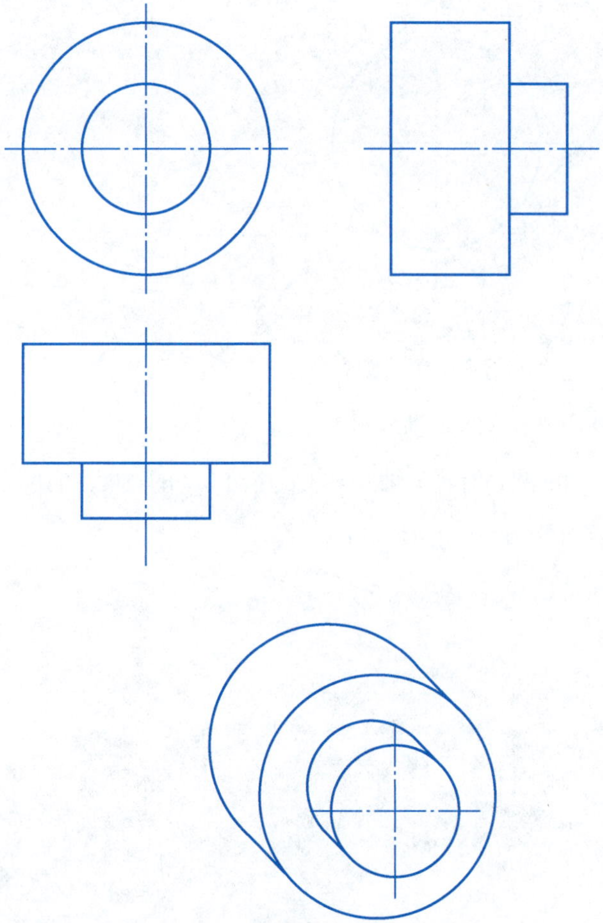

2-9　点的投影练习

(1)根据点的两面投影作第三投影,并正确标注。判断 *A*、*B* 两点的空间位置。

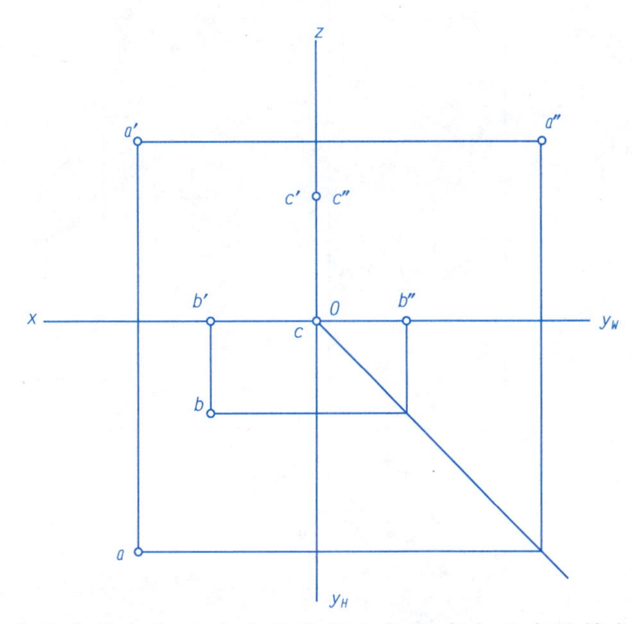

A 点在 *B* 点的左边;*A* 点在 *B* 点的上方;*A* 点在 *B* 点的前方。

(2)已知点 *A*(25,28,22)、B(15,12,26),画出 *A*、*B* 两点的三面投影,并正确标注。判断两点的空间位置。

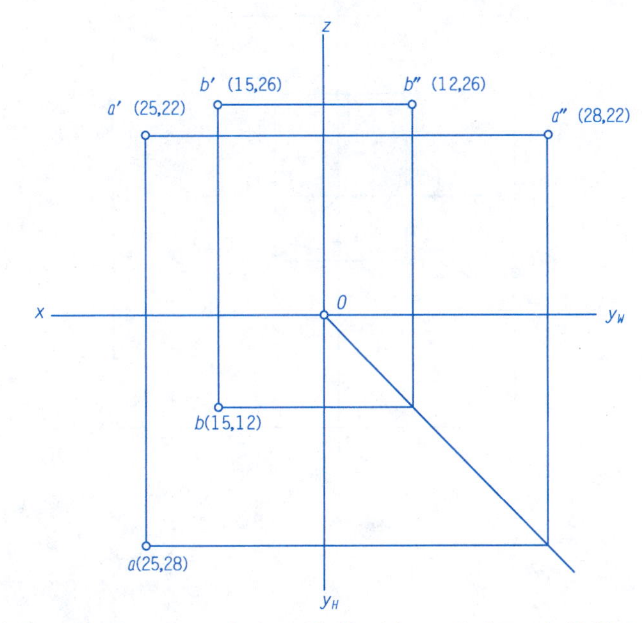

A 点在 *B* 点的左边;*A* 点在 *B* 点的下方;*A* 点在 *B* 点的前方。

2-10 已知一个点的三面投影，根据题意求作另外一个点的三面投影，并正确标注

(1)B 点在 A 点之右 15、之后 20、之下 10。

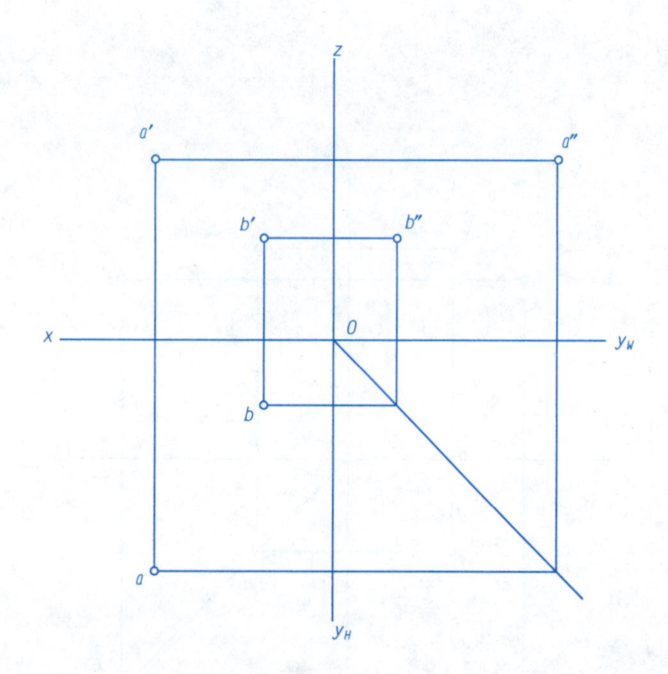

(2)B 点在 A 之左 10，、之前 17、之上 22。

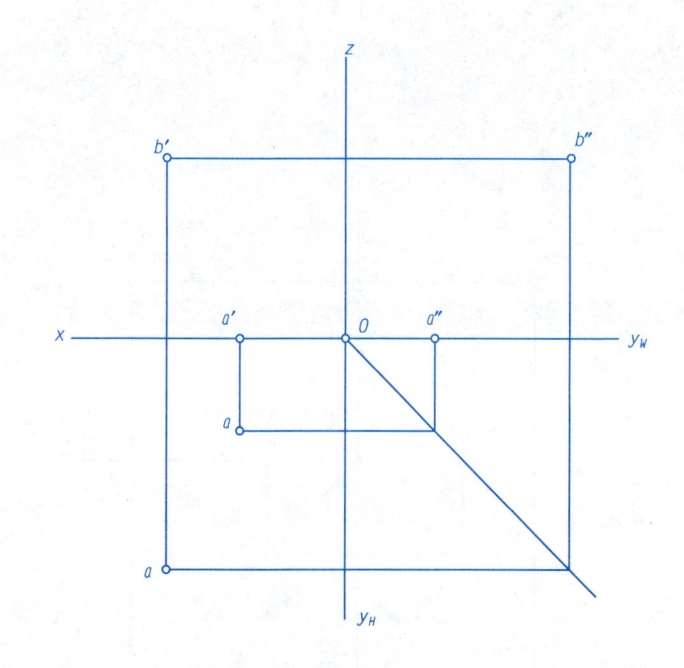

2-11 求直线的第三投影，并判断其位置

(1) AB 是（正平）线。

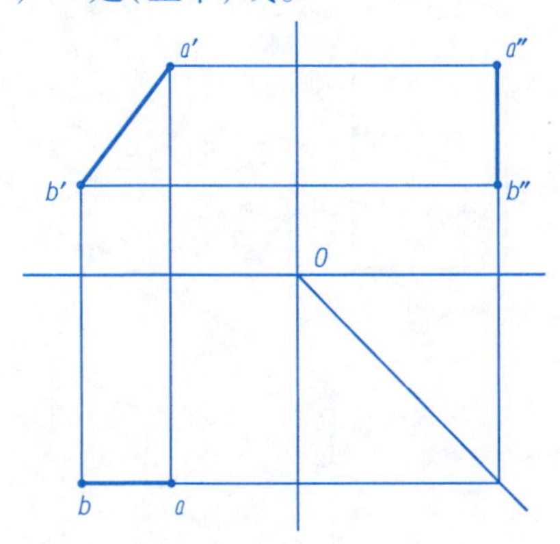

(2) AB 是（正垂）线。

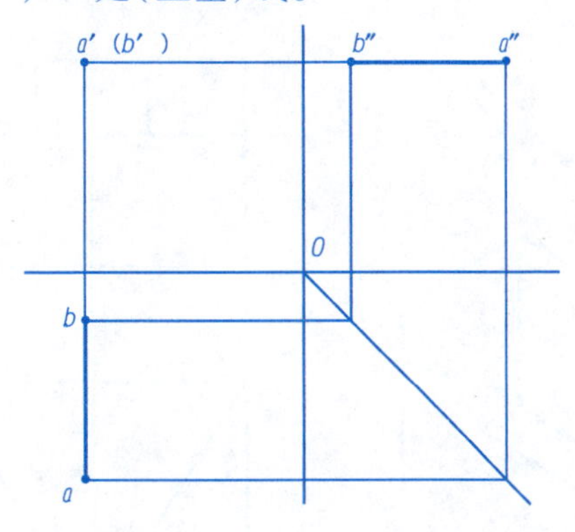

(3) BC 是（侧平）线。

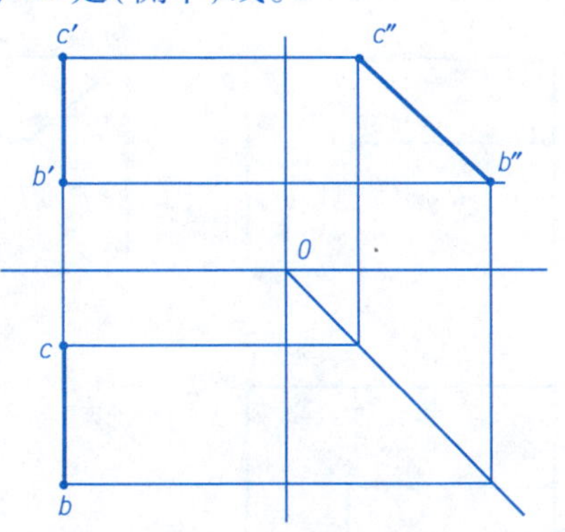

(4) AC 是（铅垂）线。

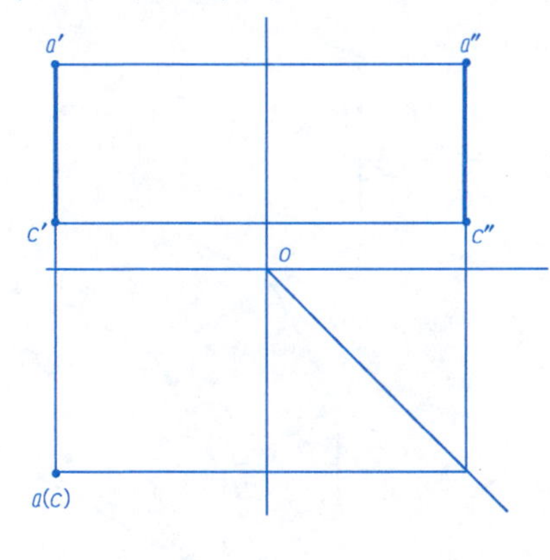

(5) AC 是（水平）线。

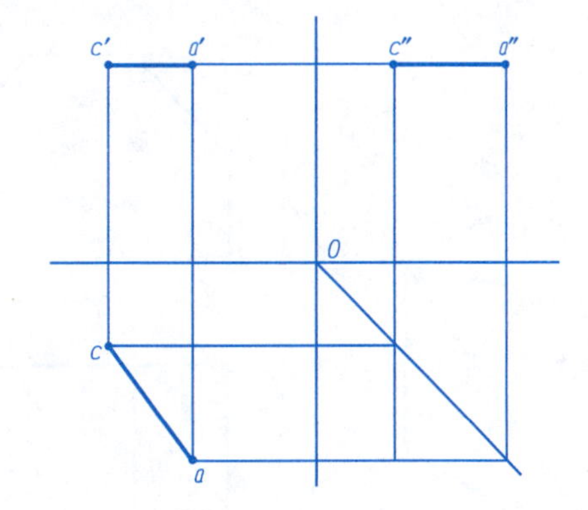

(6) AD 是（侧垂）线。

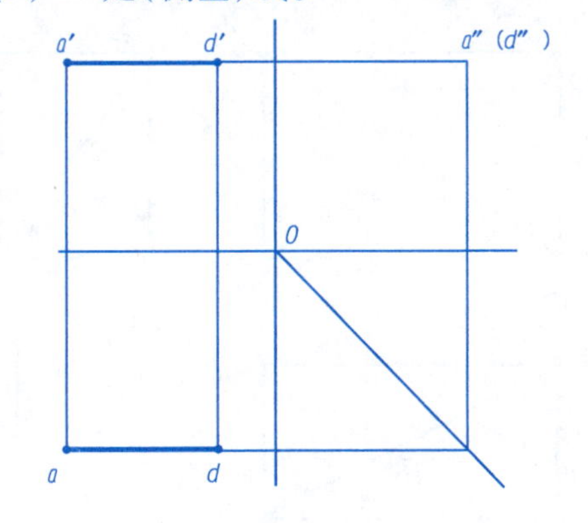

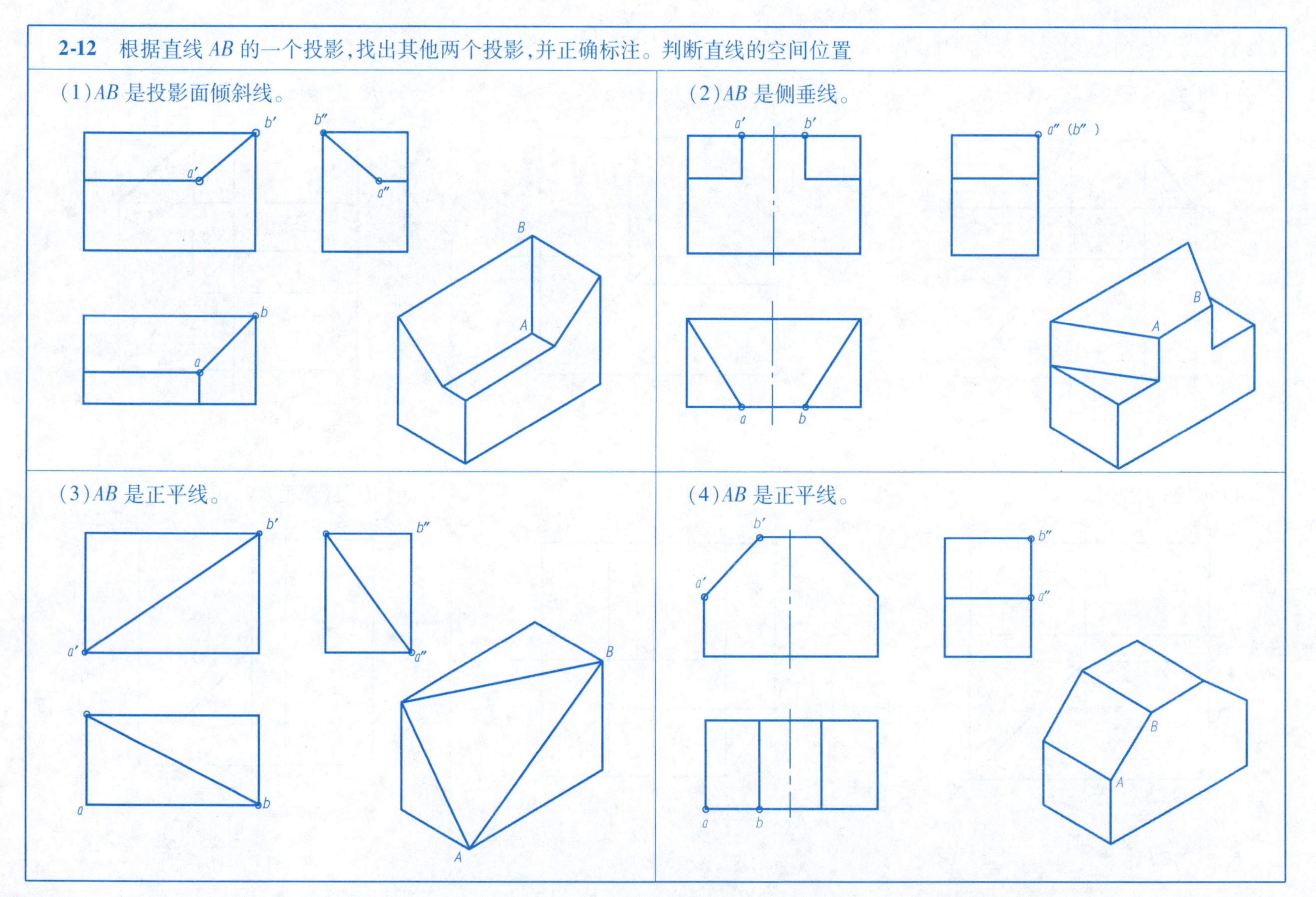
2-12 根据直线 AB 的一个投影，找出其他两个投影，并正确标注。判断直线的空间位置
(1)AB 是投影面倾斜线。
b′
a′
b″
a″
b
a
B
A
(2)AB 是侧垂线。
a′
b′
a″ (b″)
a
b
B
A
(3)AB 是正平线。
b′
a′
b″
a″
a
b
B
A
(4)AB 是正平线。
b′
a′
b″
a″
a
b
B
A

2-13 求平面的第三投影，并判断其位置

(1) ABC 是(正平)面。

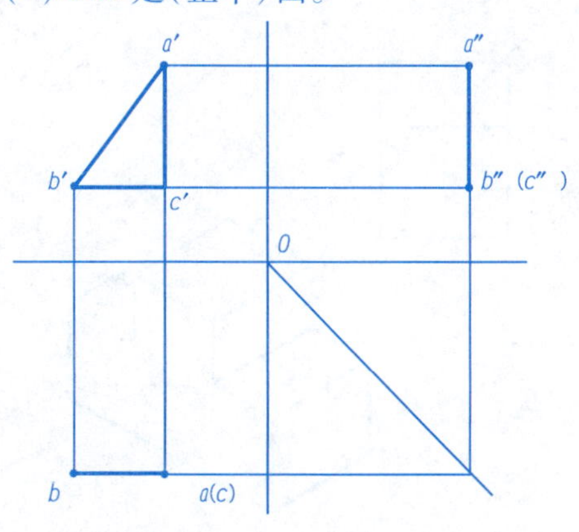

(2) ABC 是(侧平)面。

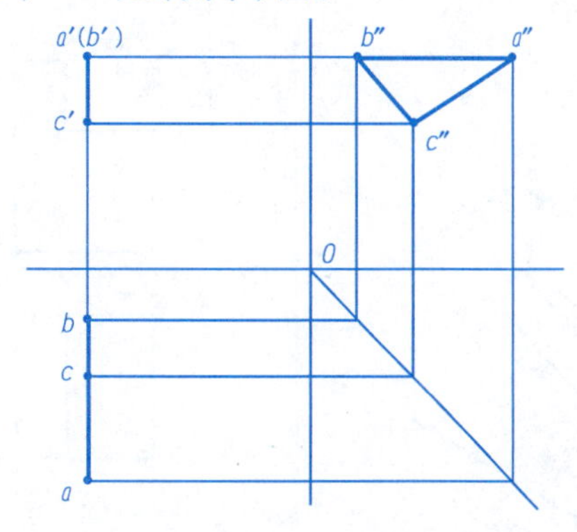

(3) ABC 是(侧平)面。

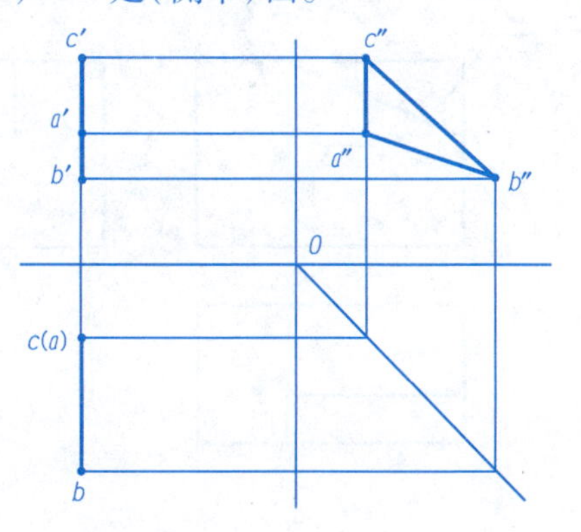

(4) ABC 是(正垂)面。

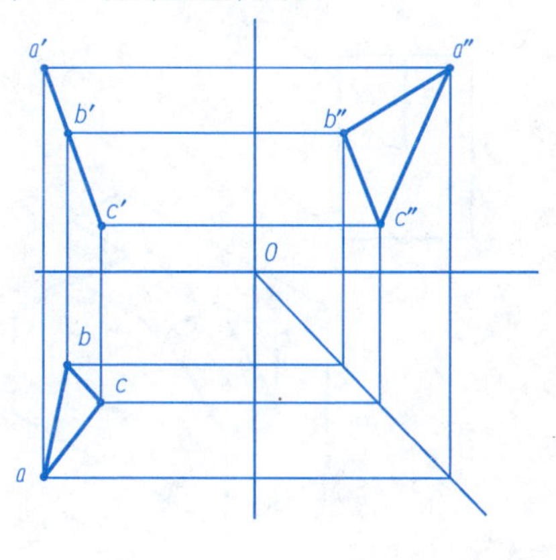

(5) ABC 是(铅垂)面。

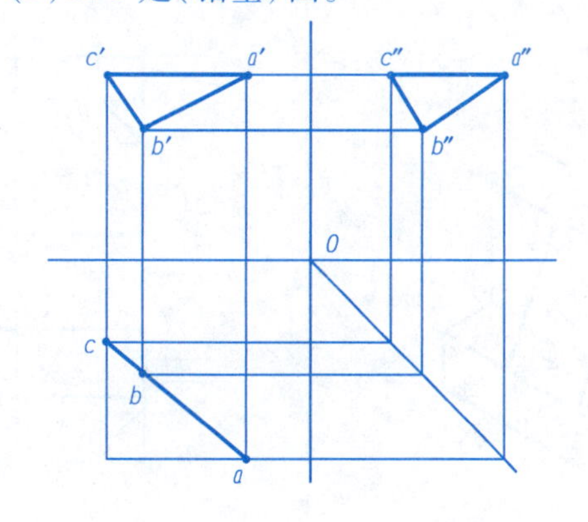

(6) ABC 是(侧垂)面。

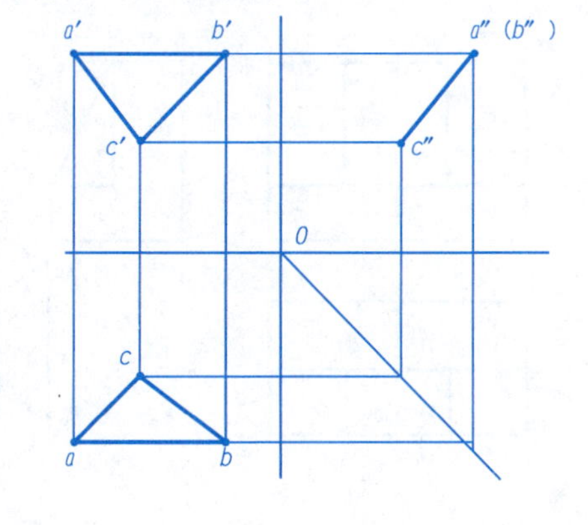

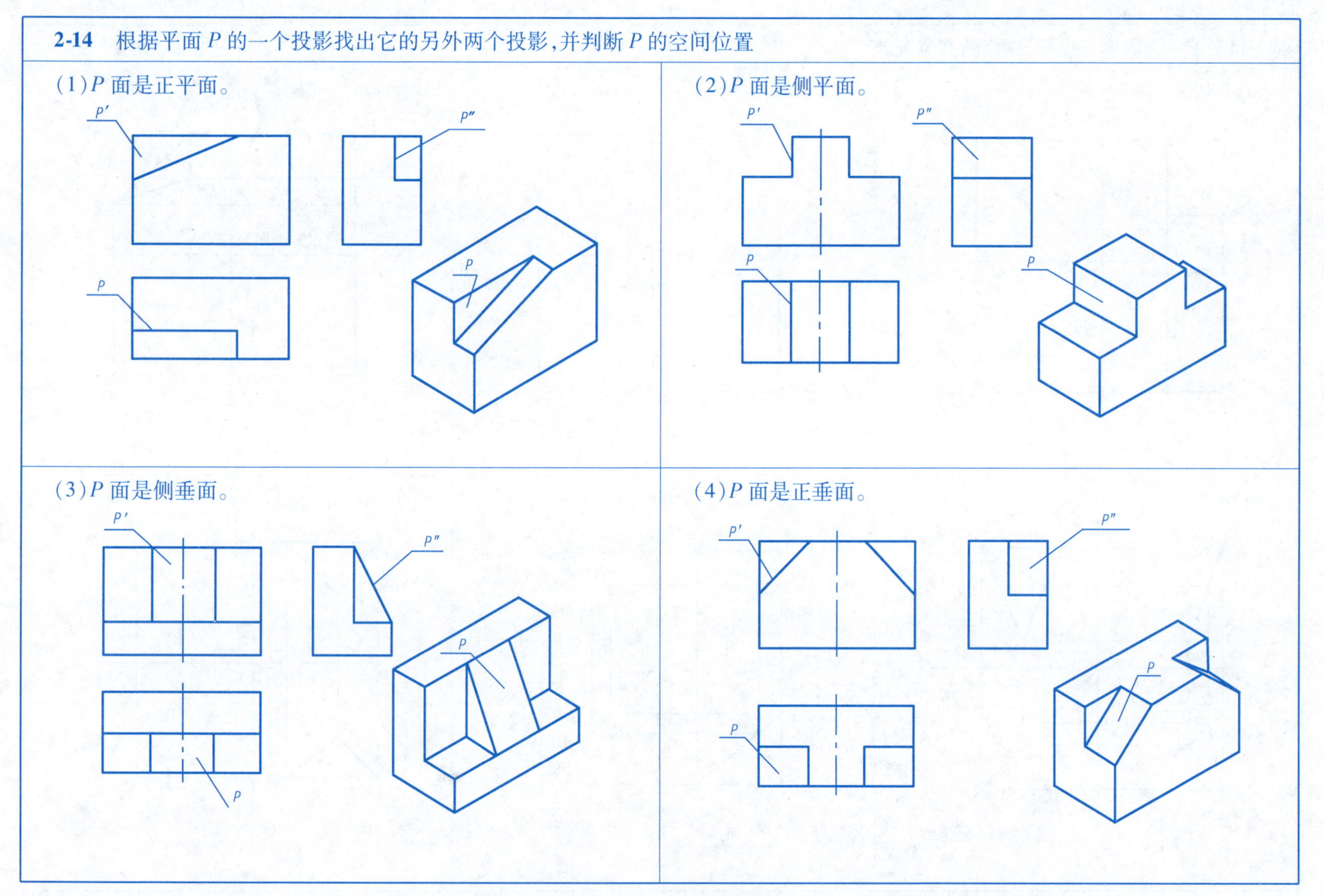
2-14 根据平面 P 的一个投影找出它的另外两个投影，并判断 P 的空间位置
(1) P 面是正平面。
P'
P''
P
P
(2) P 面是侧平面。
P'
P''
P
P
(3) P 面是侧垂面。
P'
P''
P
P
(4) P 面是正垂面。
P'
P''
P
P

2-15 已知几何体的一个视图,完成另外两个方向的视图(未知尺寸从图中量取)

(1)已知正三棱柱的俯视图,高度尺寸40,补画主视图和左视图。

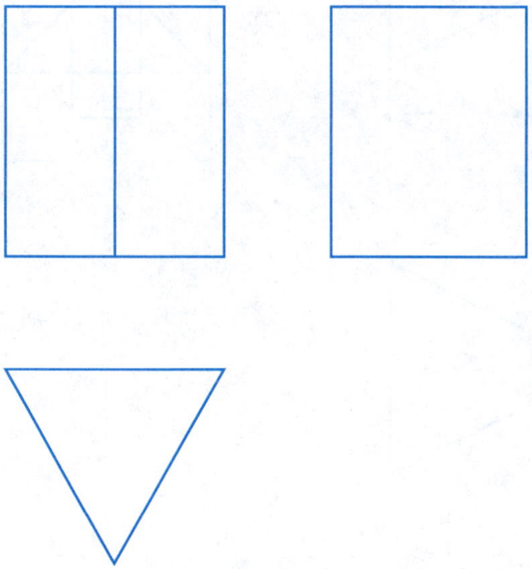

(2)已知五棱柱的俯视图,高度40,补画主视图和左视图。

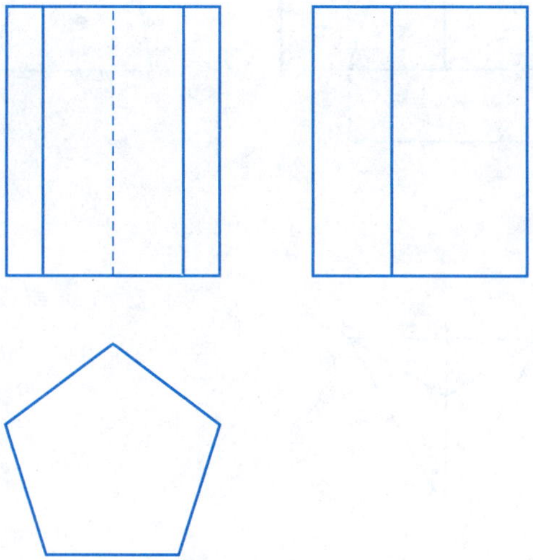

2-16 已知几何体的一个视图，根据条件补画另外两个视图，并标注尺寸（未知尺寸从图中量取）

(1)已知正三棱锥的俯视图，棱锥高度尺寸40，完成另外两个视图。

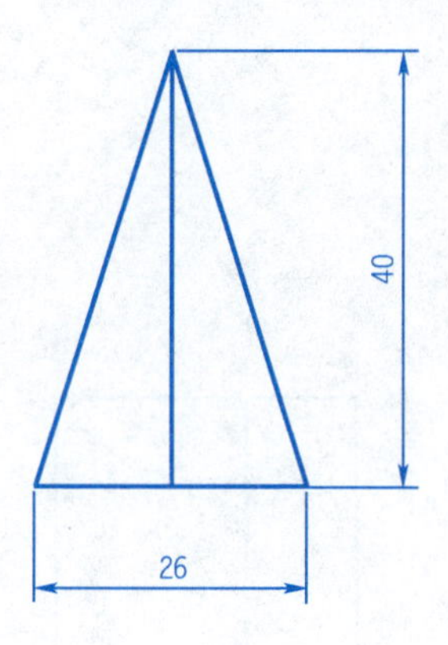

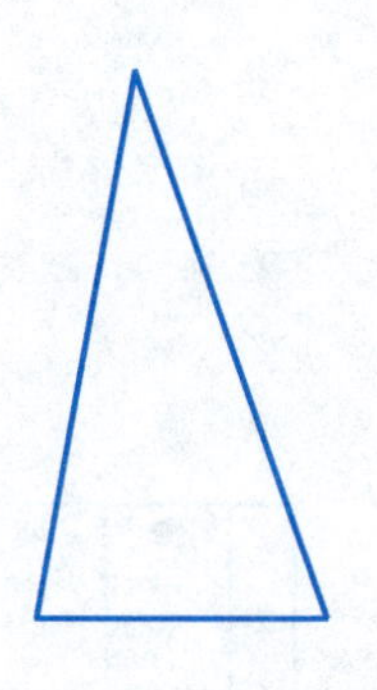

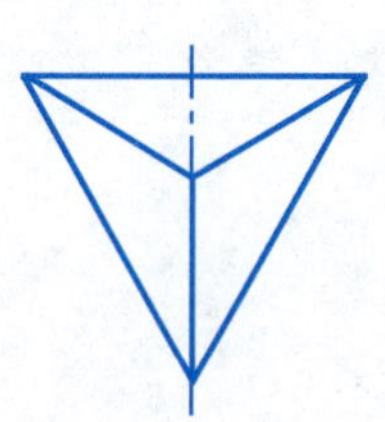

(2)已知正四棱台的左视图，棱台长度尺寸20，完成另外两个视图。

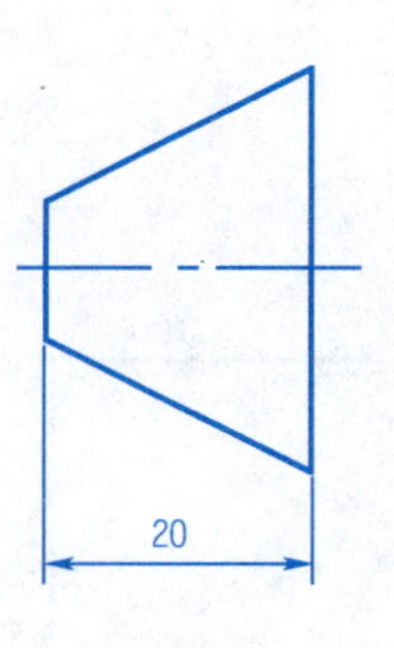

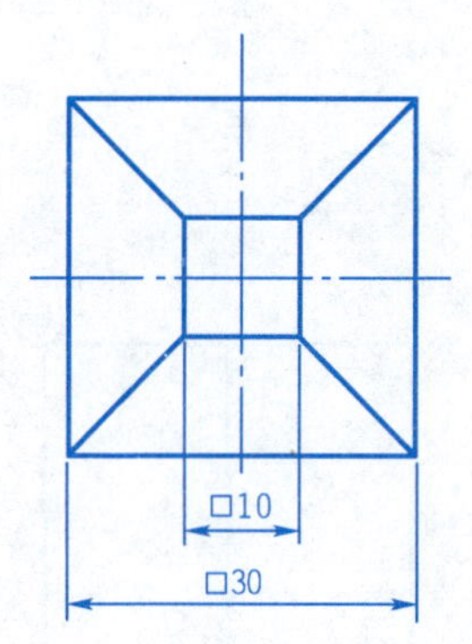

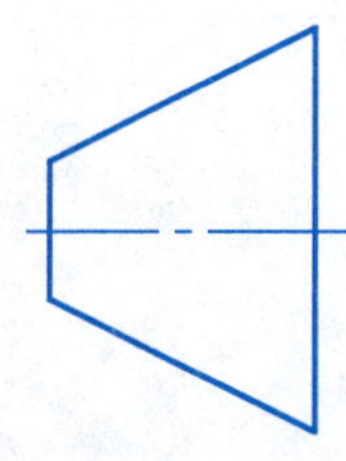

2-17 已知几何体的一个视图，根据已知条件补画另外两个视图，并标注尺寸（未知尺寸从图中量取）

（1）已知圆柱体的主视图，宽度尺寸 40，完成另外两个视图。

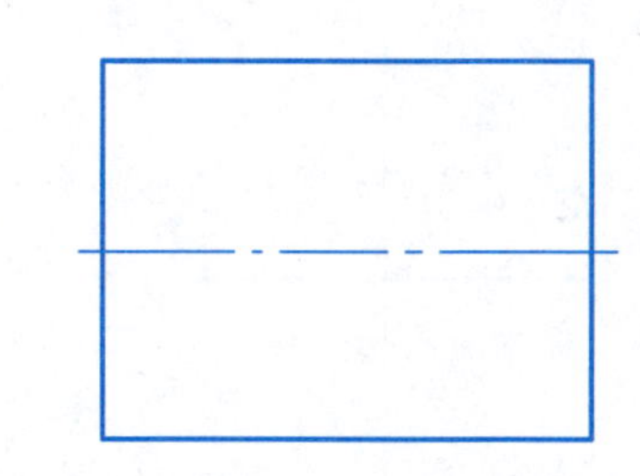

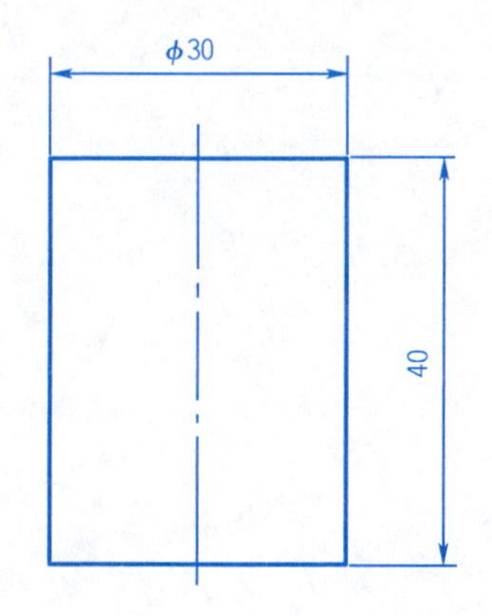

（2）已知圆锥的左视图，圆锥长度尺寸 30，完成另外两个视图。

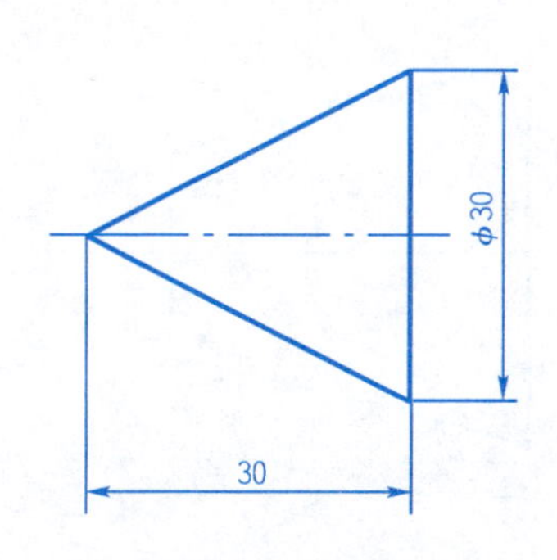

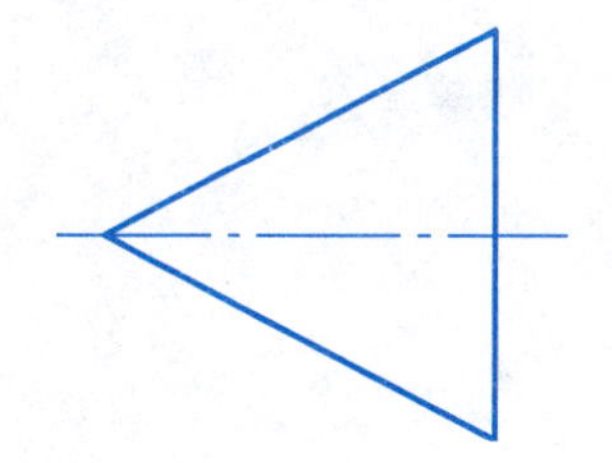

2-18 已知几何体的一个视图，根据已知条件补画另外两个视图

(1)已知圆台的主视图，宽度尺寸30，补画俯视图和左视图。

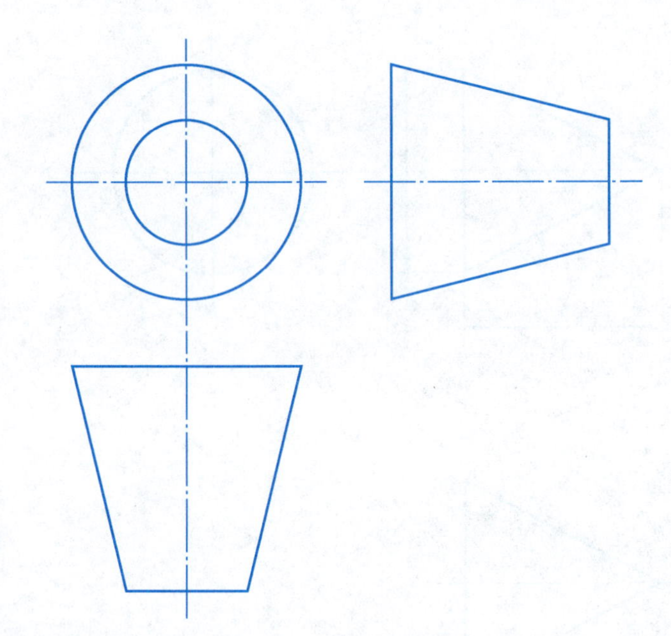

(2)已知半球体的主视图，补画俯视图和左视图。

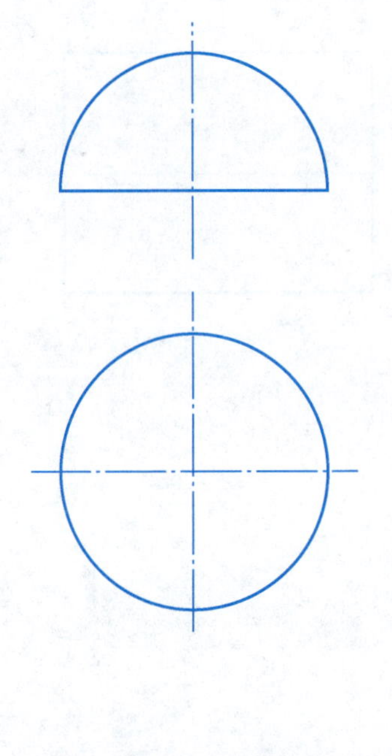

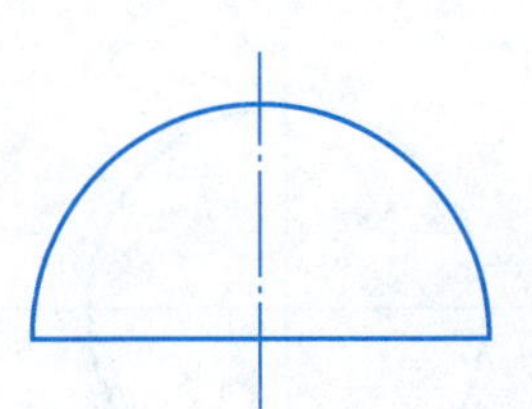

2-19 由直观图画三视图(尺寸从图中量取),两视图间留适当距离

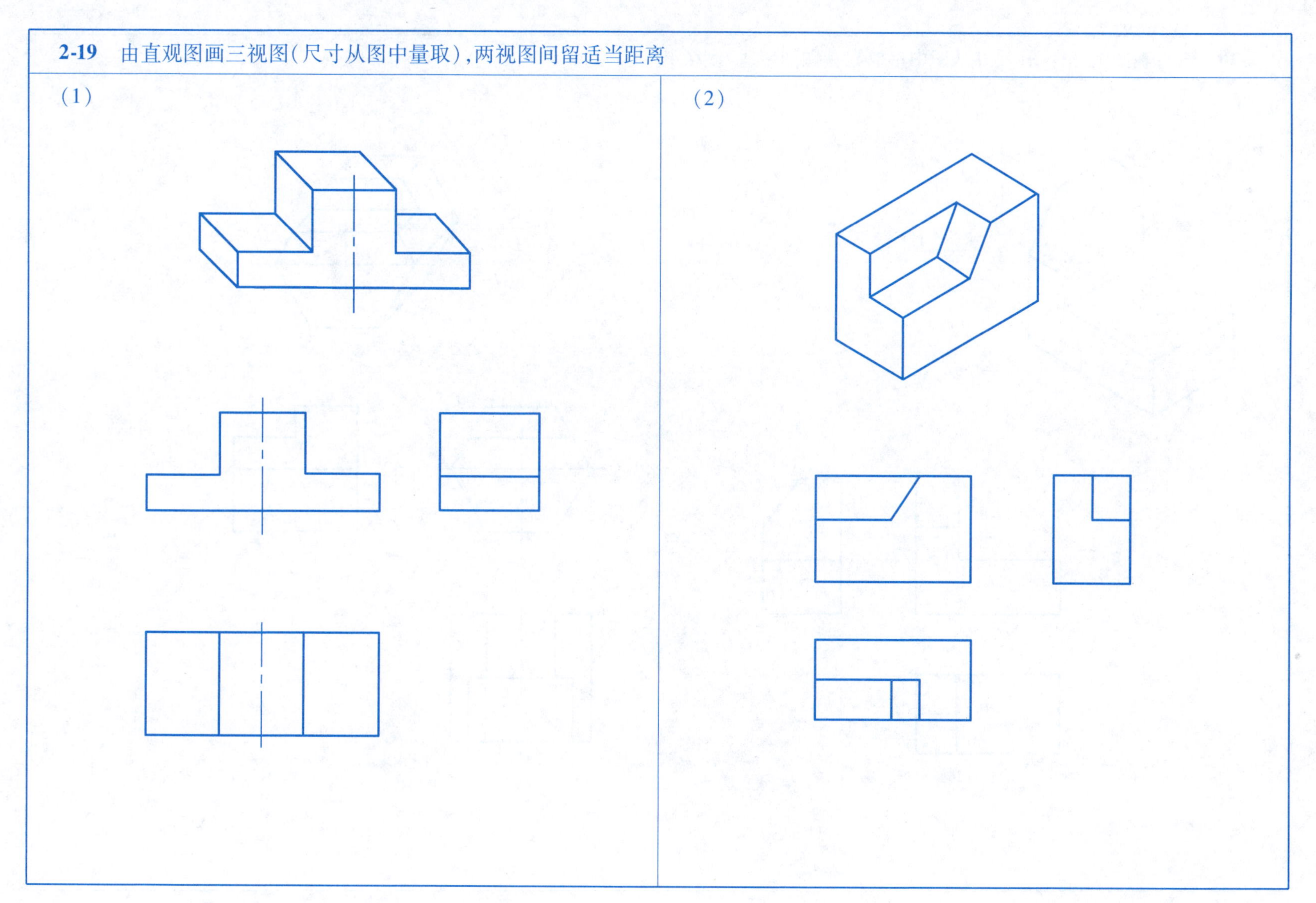

2-20 由直观图画三视图（尺寸从图中量取），视图间留适当距离

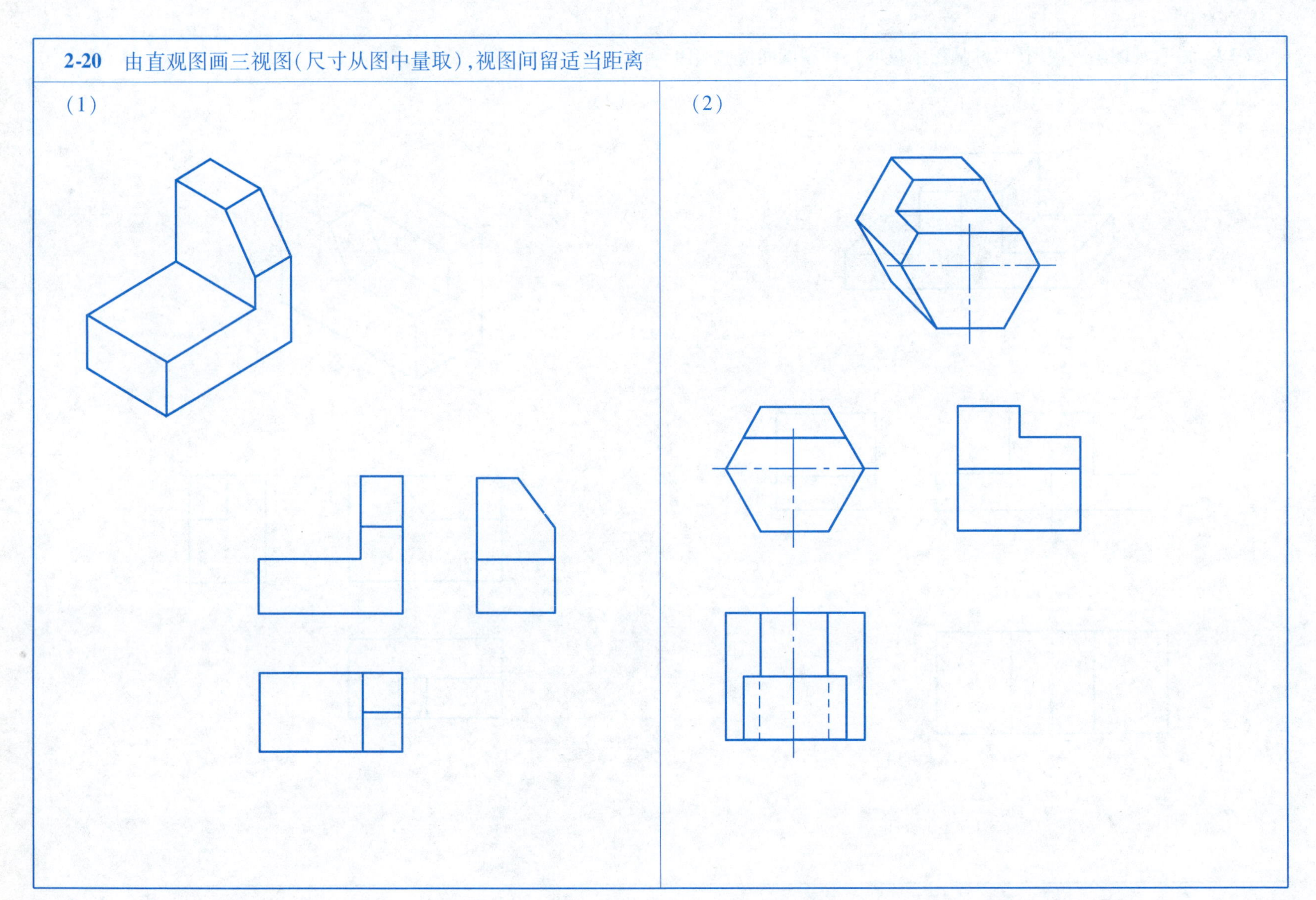

2-21 由直观图画三视图(尺寸从图中量取),视图间留适当距离

(1)

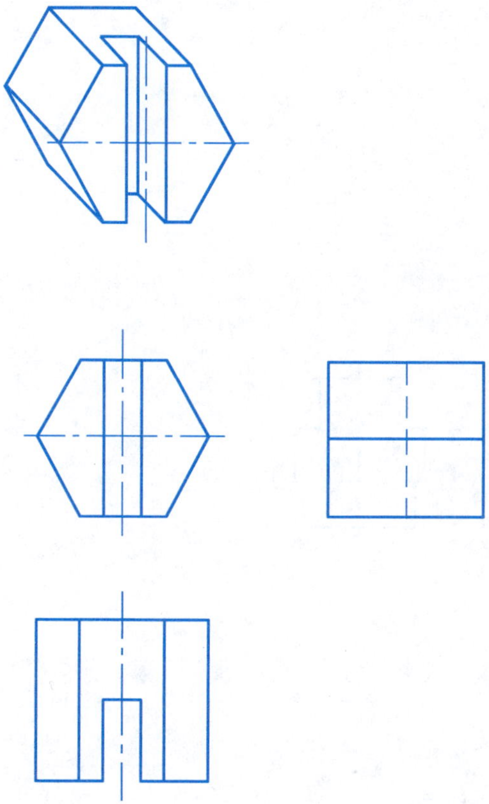

(2)

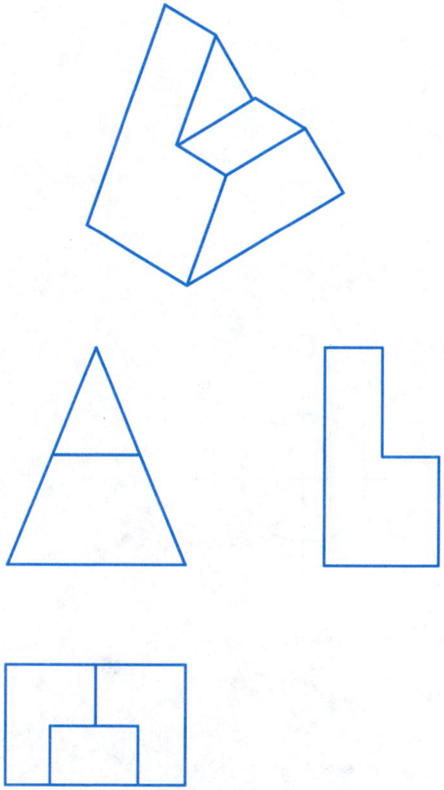

2-22 由直观图画三视图(尺寸从图中量取),视图间留适当距离

(1)

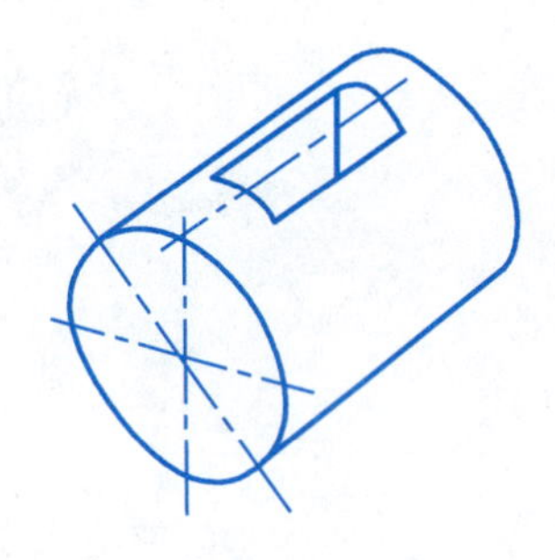

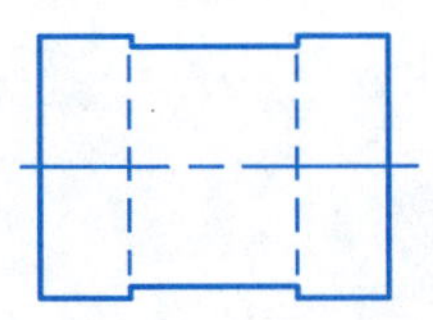

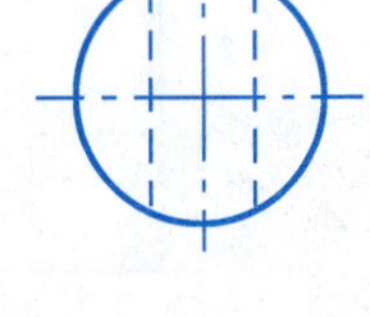

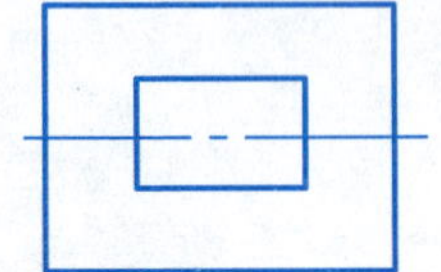

(2)

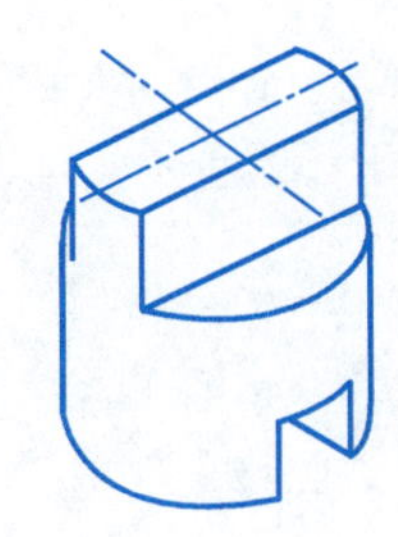

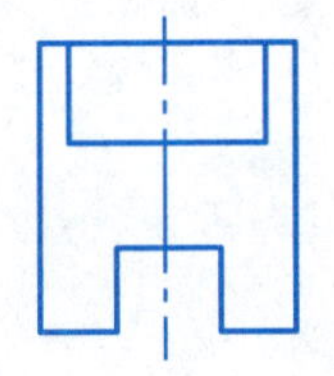

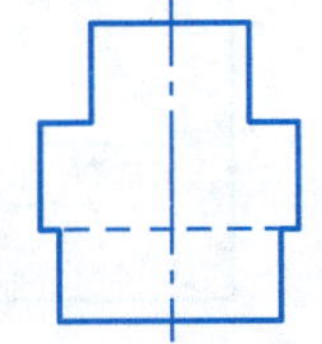

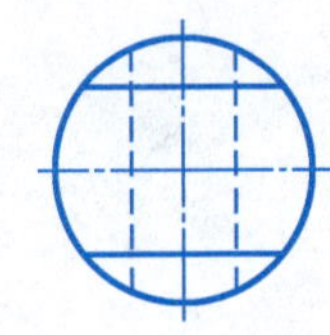

2-23 读视图补画第三视图

(1)

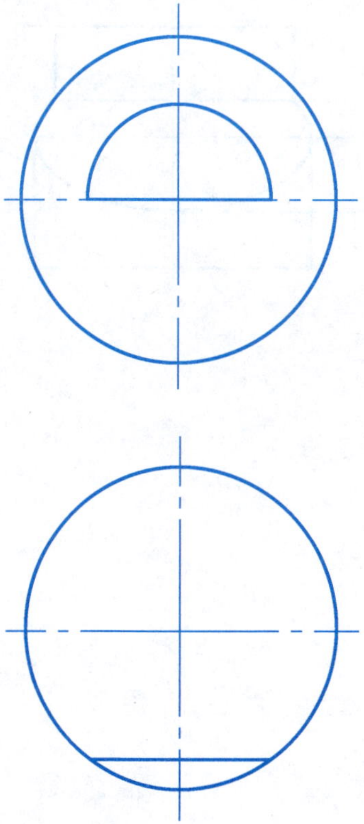

(2)

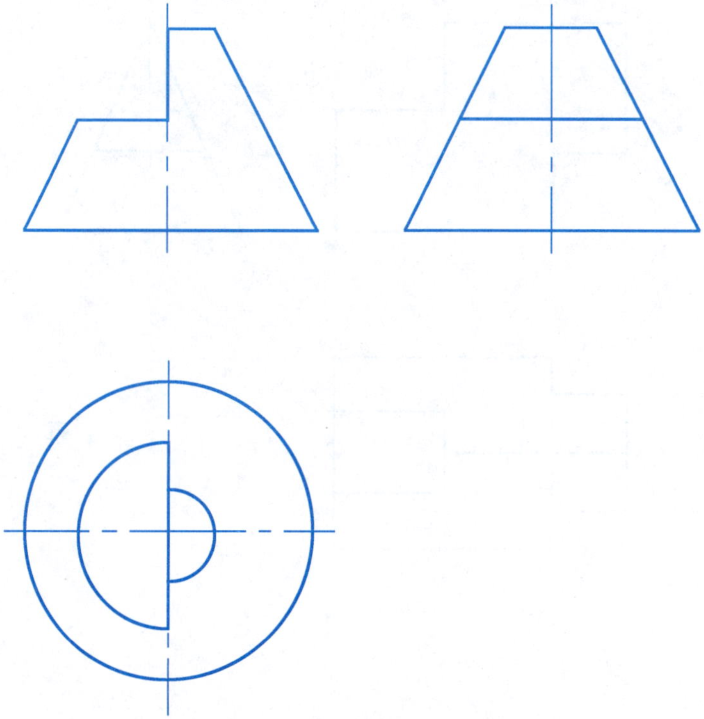

2-24 读视图补画第三视图

(1)补画俯视图

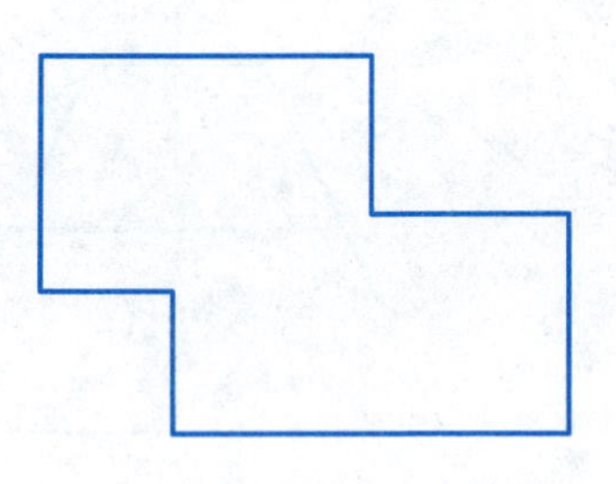

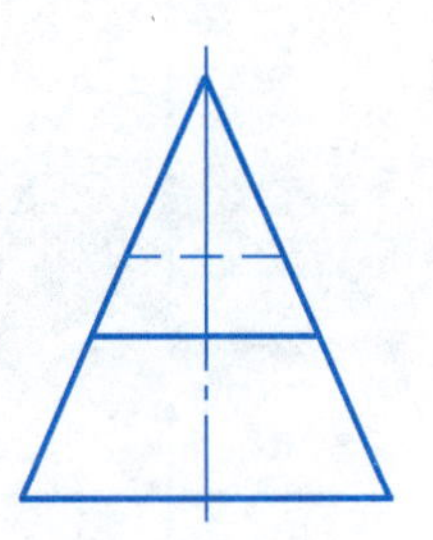

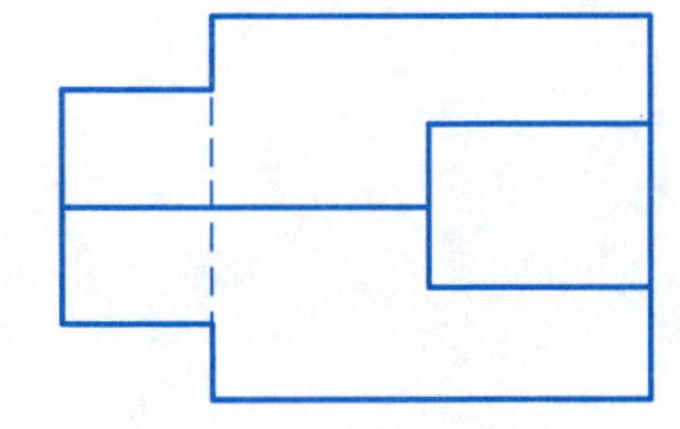

(2)补画左视图

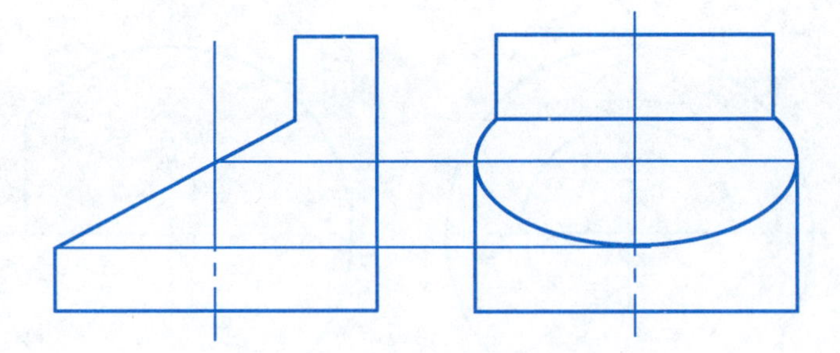

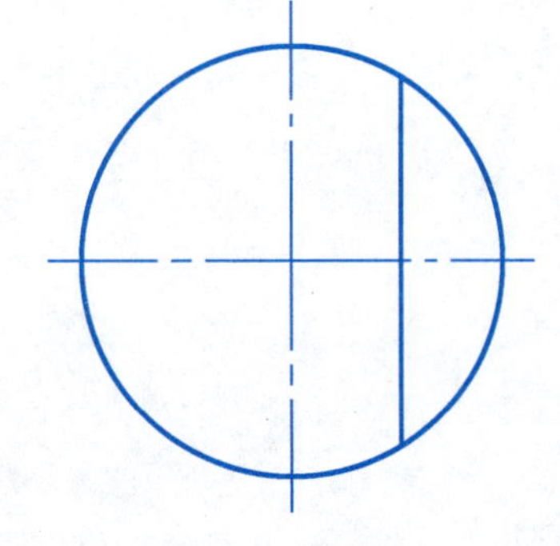

2-25 读视图,补画第三视图

(1)补画左视图

(2)补画俯视图

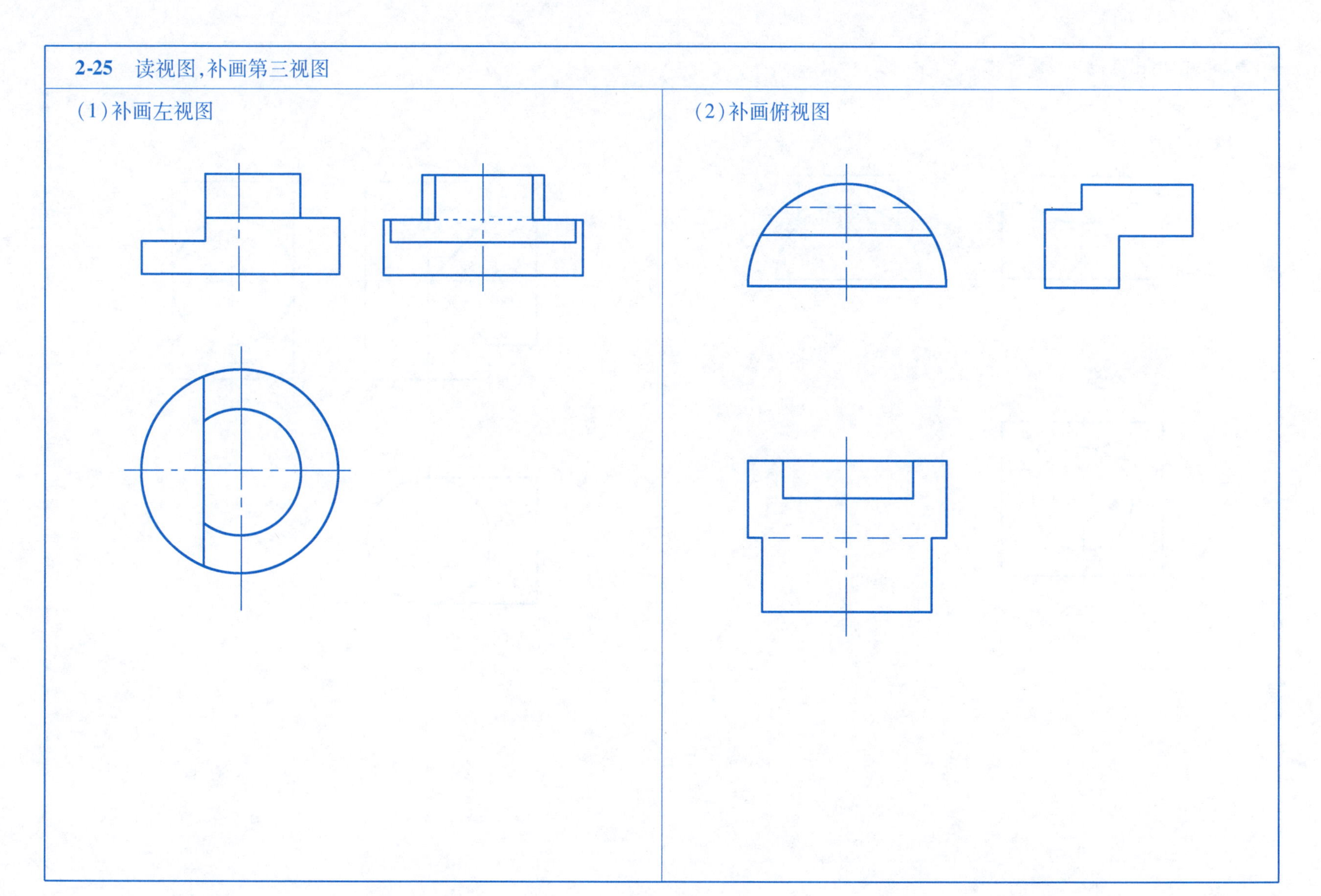

2-26 画出相贯线的投影

（1）

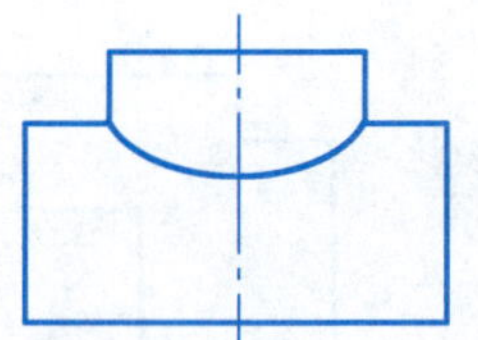

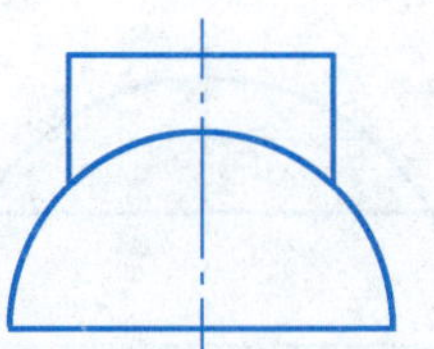

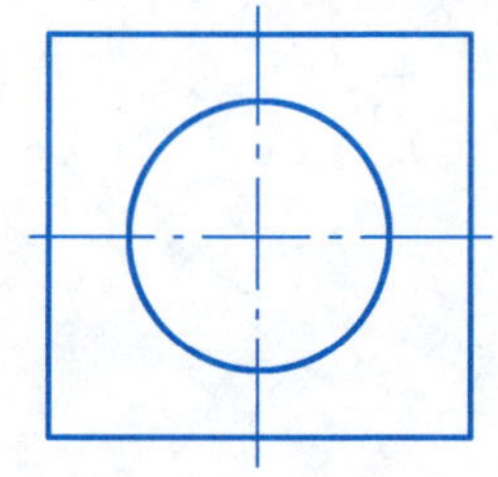

（2）

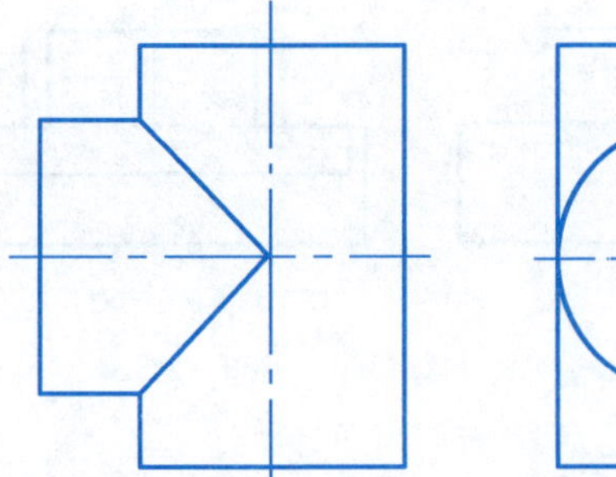

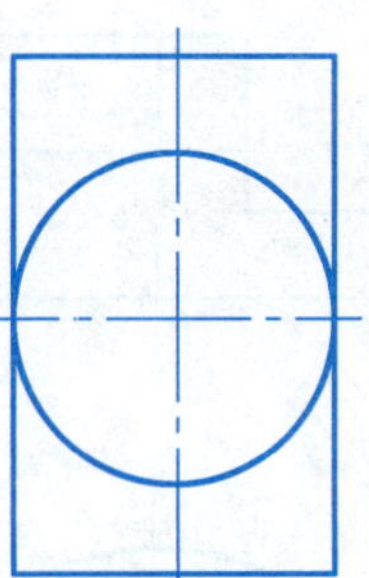

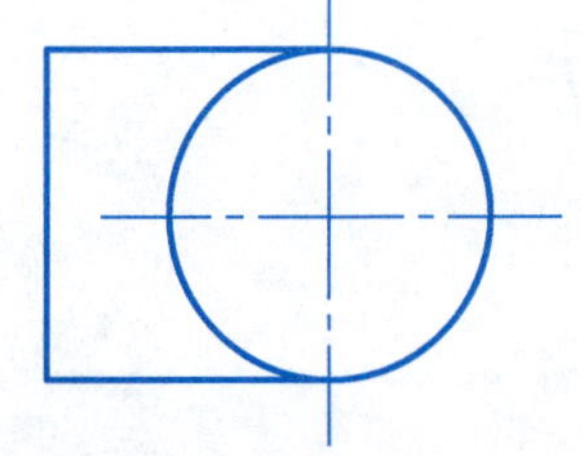

2-27 填空题

1. 识别组合体的组合类型。

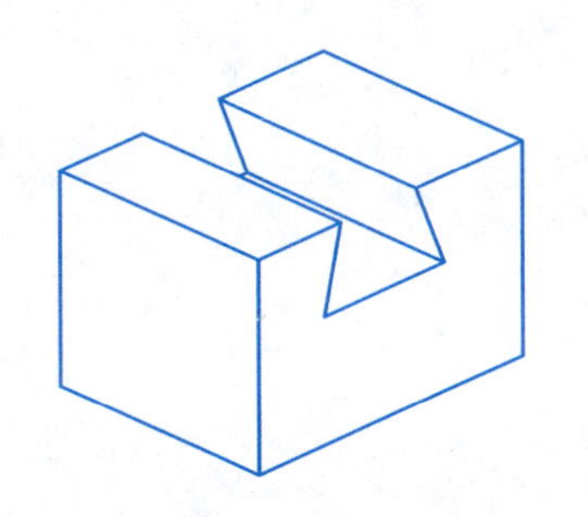

组合类型 切割型

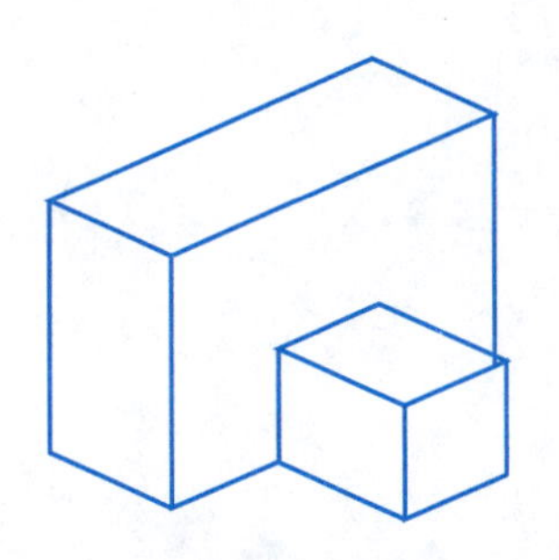

组合类型 叠加型

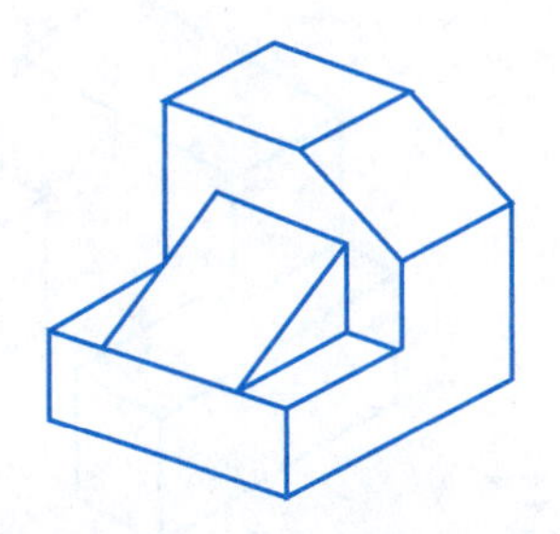

组合类型 综合型

2. 识别下列形体中 A 面与 B 面的表面连接形式。

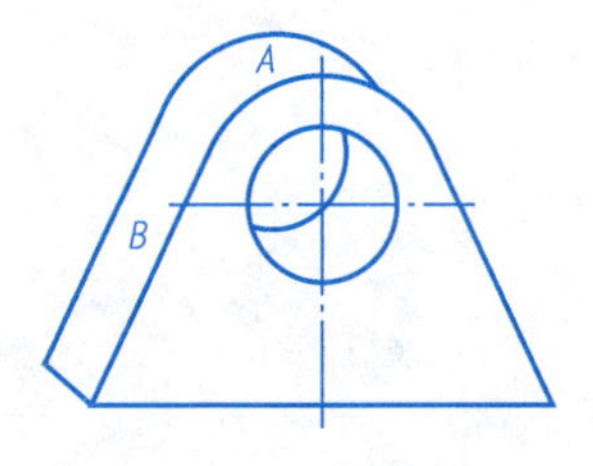

表面连接形式 相切

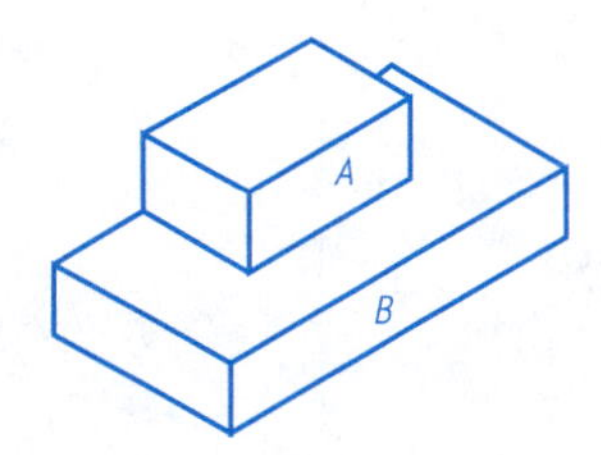

表面连接形式 交错

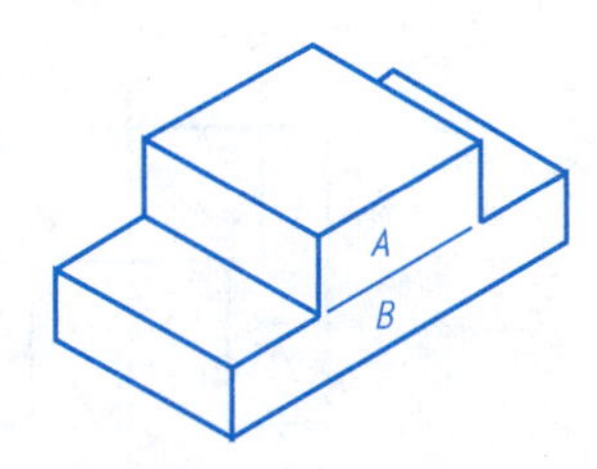

表面连接形式 平齐

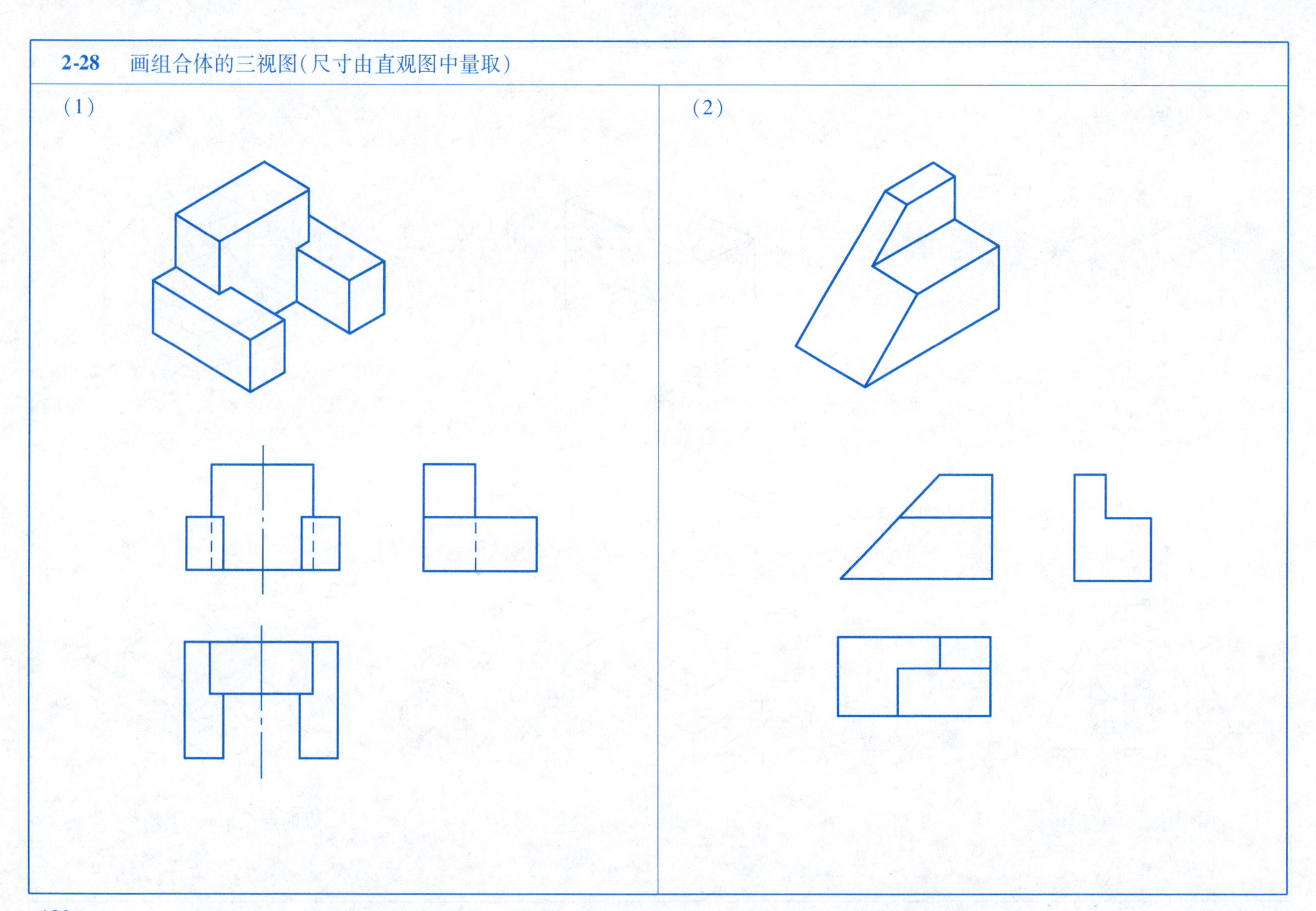
2-28 画组合体的三视图(尺寸由直观图中量取)
(1)
(2)

2-29 画组合体的三视图(尺寸由直观图中量取)

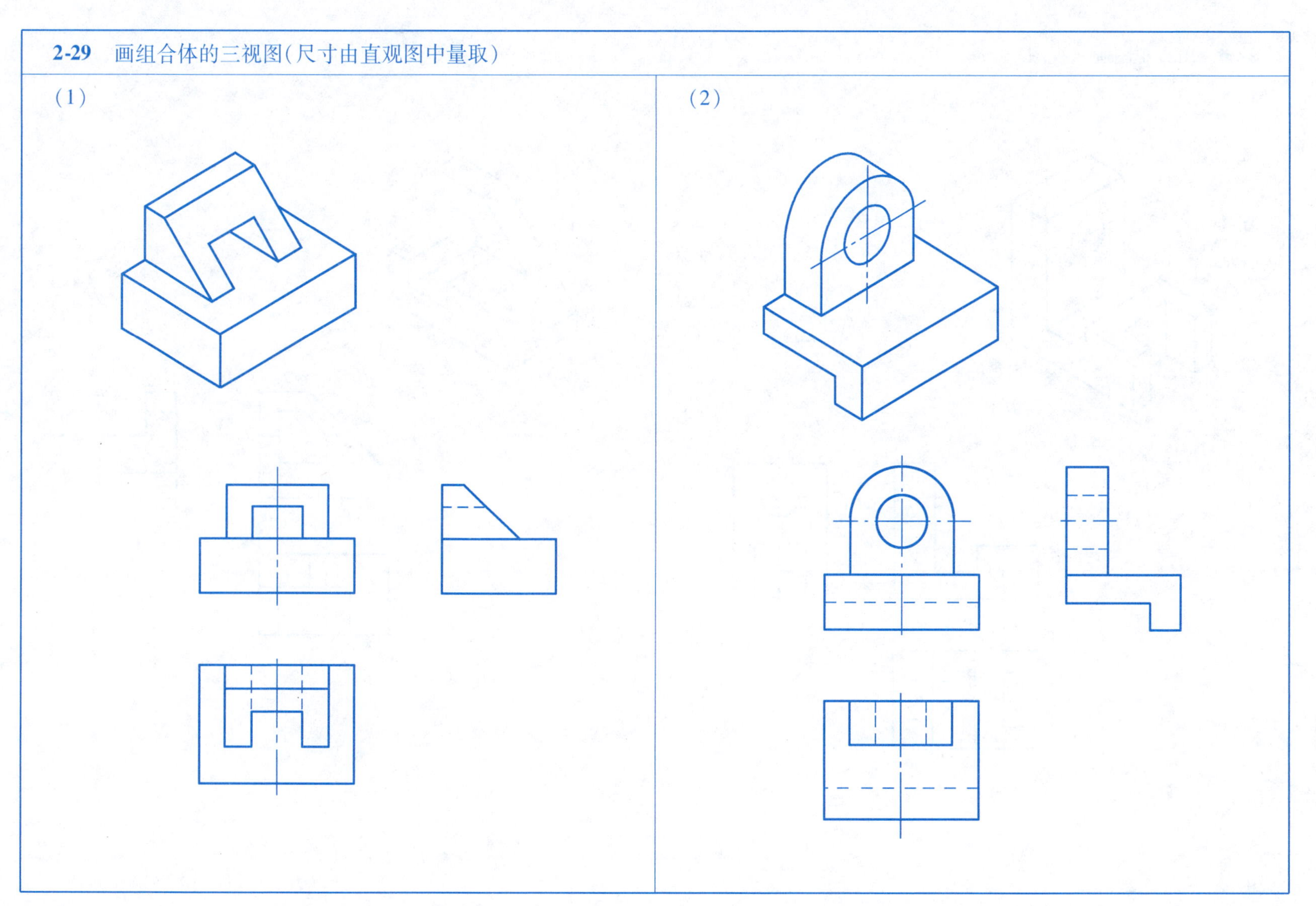

2-30 由直观图画三视图

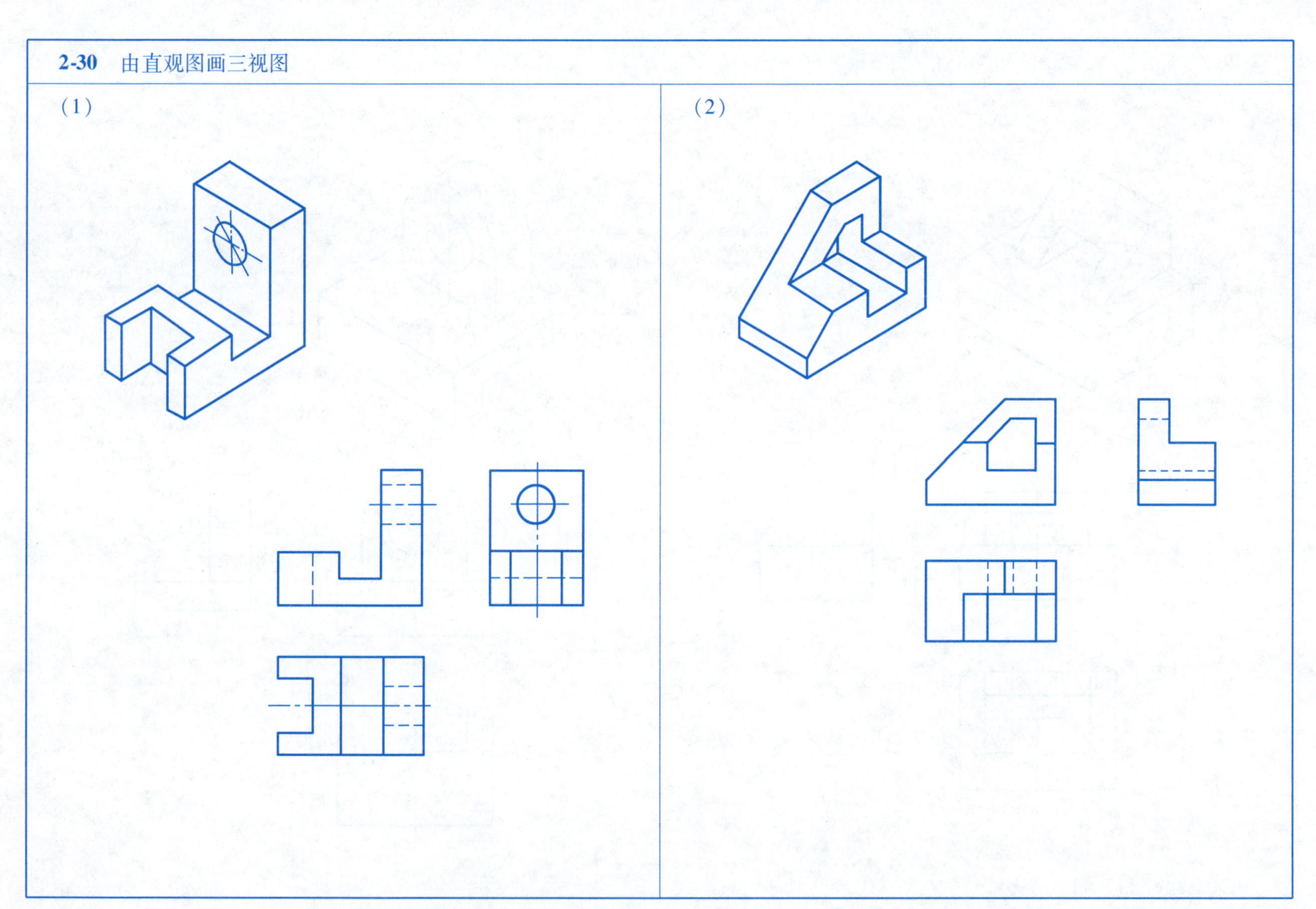

2-31 填空

1. 画组合体视图先要对组合体进行(形体分析)。

2. 度量尺寸的始点称作(基准),物体的每一方向至少有一个(基准)。

3. 尺寸分为(定形尺寸)、(定位尺寸)和(总体尺寸)三类。

4. 决定几何体形状、大小的尺寸叫(定形尺寸),决定几何体相对位置的尺寸叫(定位尺寸)。

5. 标注尺寸时要注意尺寸尽量(集中),并标注在(最能反映物体特征的)视图上。

6. 标注尺寸的要求是(正确)、(完整)、(清晰)。

7. 标注尺寸时,首先要选择(尺寸基准),常被选用的尺寸基准有(回转中心线)、(对称中心线)、(对称中心面)、(端面)、(底面)。

2-32 选定基准,并标注尺寸

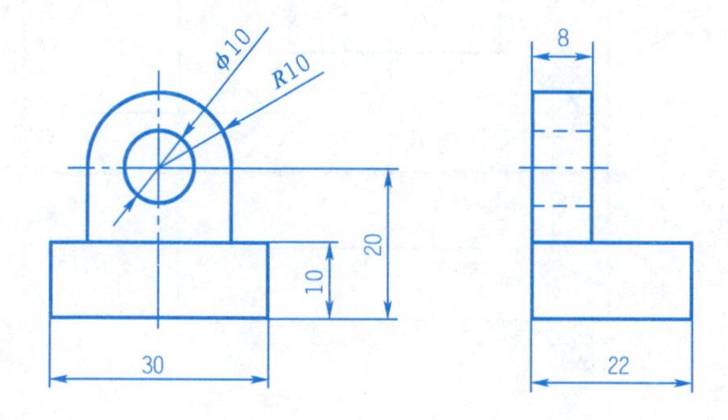

长度基准是(对称中心面)

高度基准是(底面)

宽度基准是(后面)

2-33 读视图标注尺寸(尺寸从图中量取),并指出哪些是定形尺寸,哪些是定位尺寸

(1)39、7 是定位尺寸,其他都是定形尺寸。

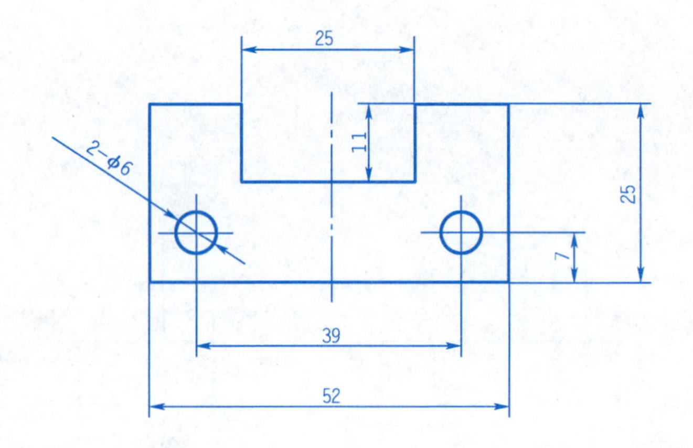

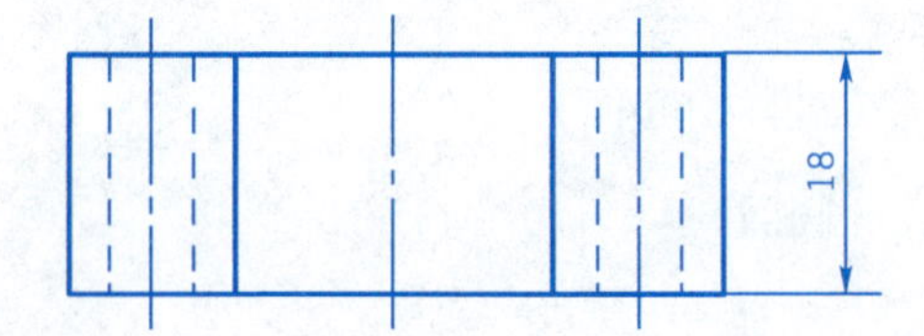

(2)20、4 是定位尺寸,其他都是定形尺寸。

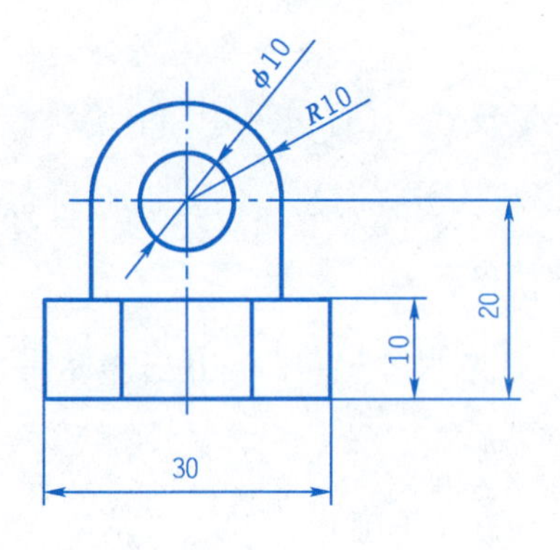

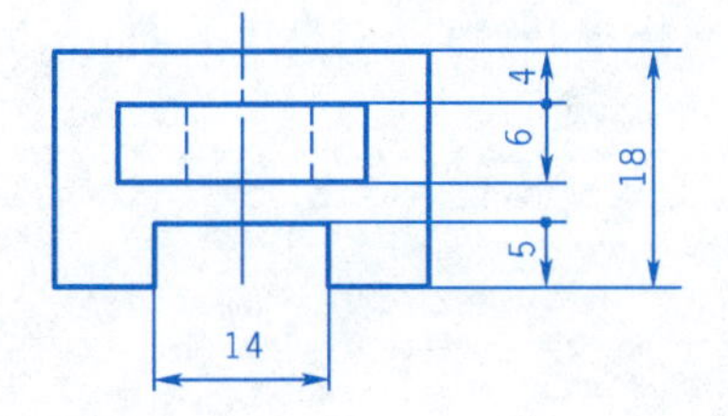

2-34 请将下列尺寸标注中的不妥之处改正，在下图中进行正确标注

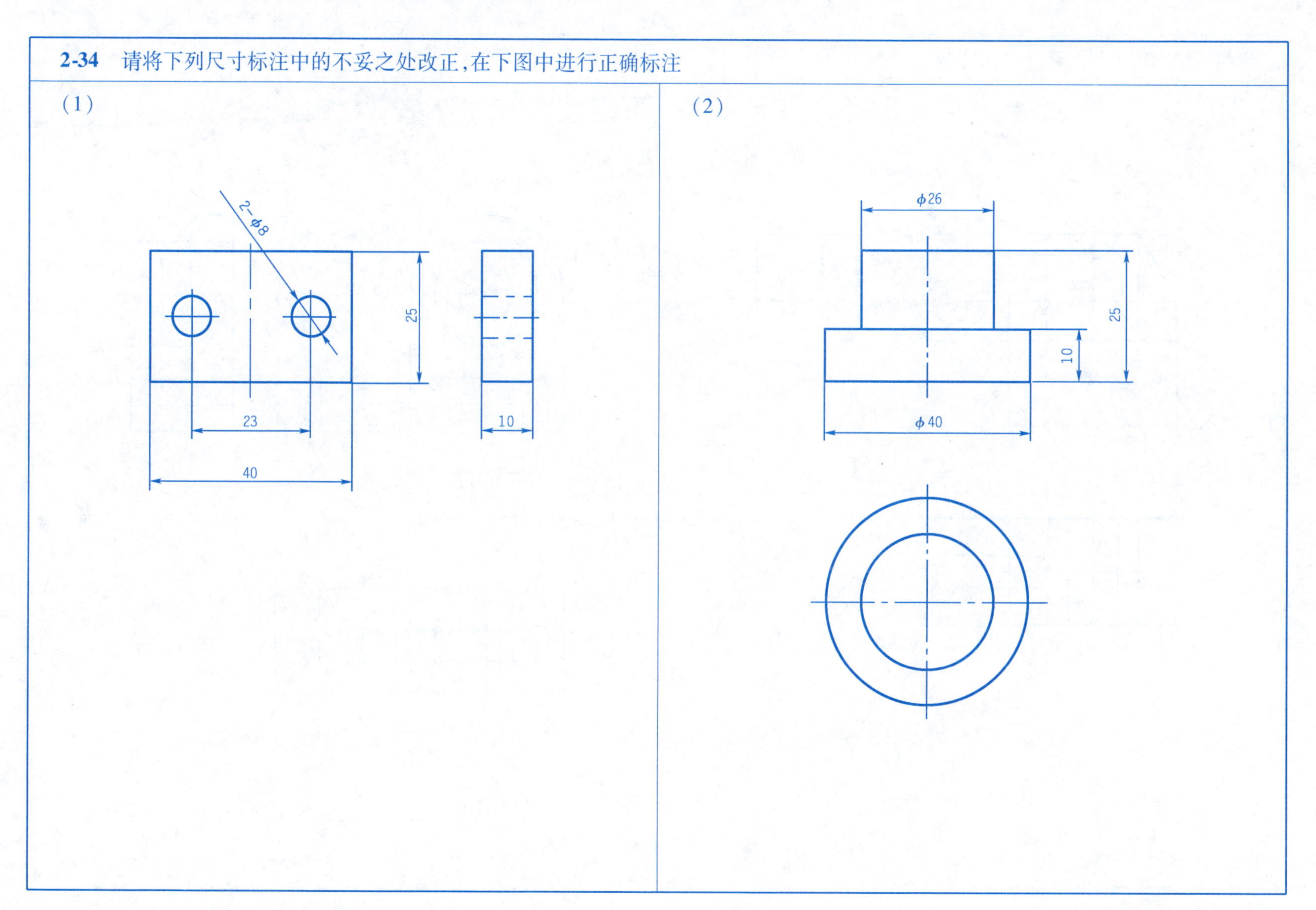

2-35 根据两个视图补画第三个视图，并标出尺寸（尺寸从图中量取）

（1）

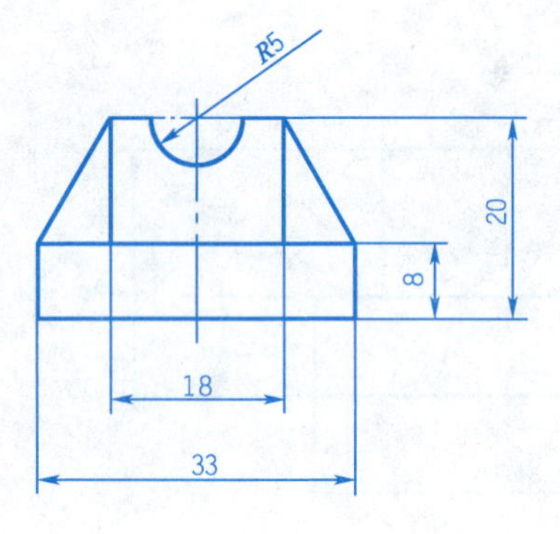

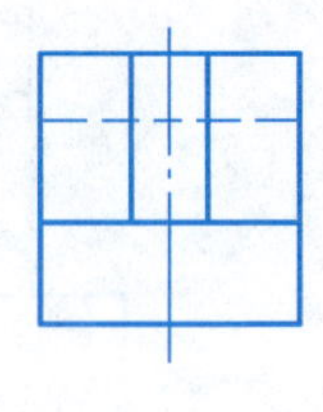

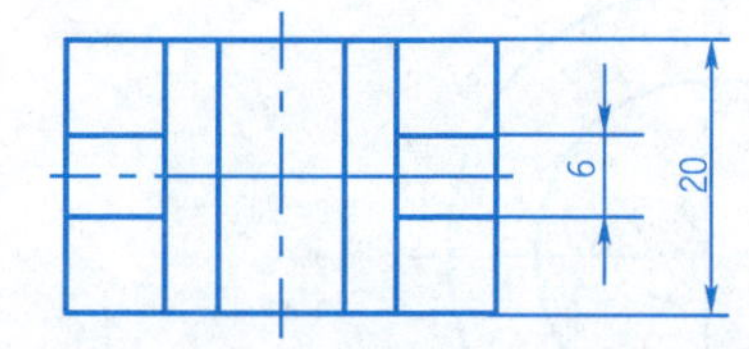

（2）

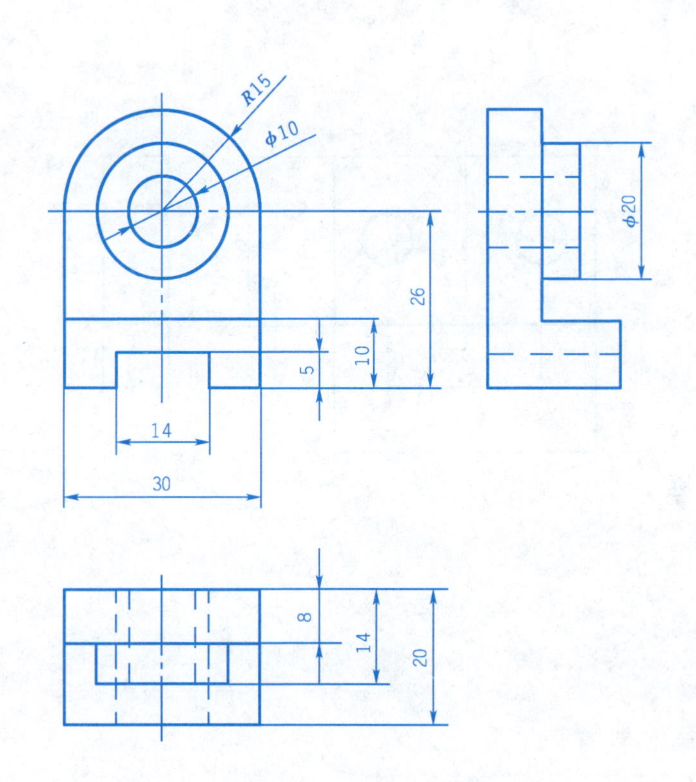

2-36 由两个视图补画第三视图

(1)

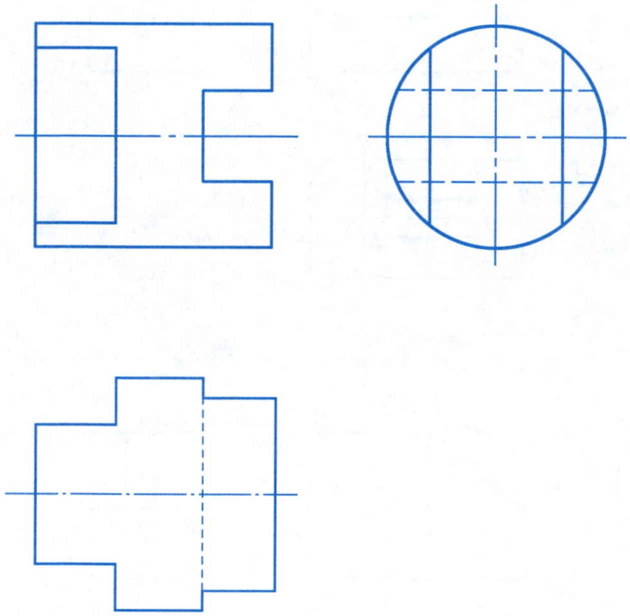

(2)

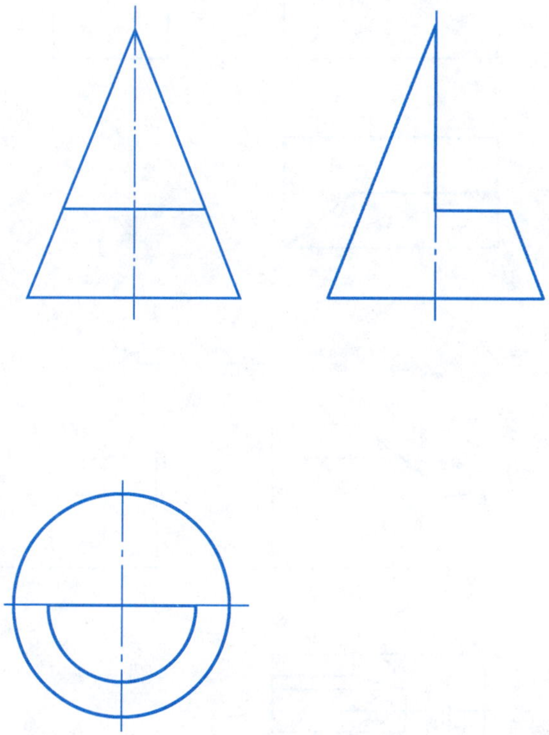

2-37　读视图，补画第三视图

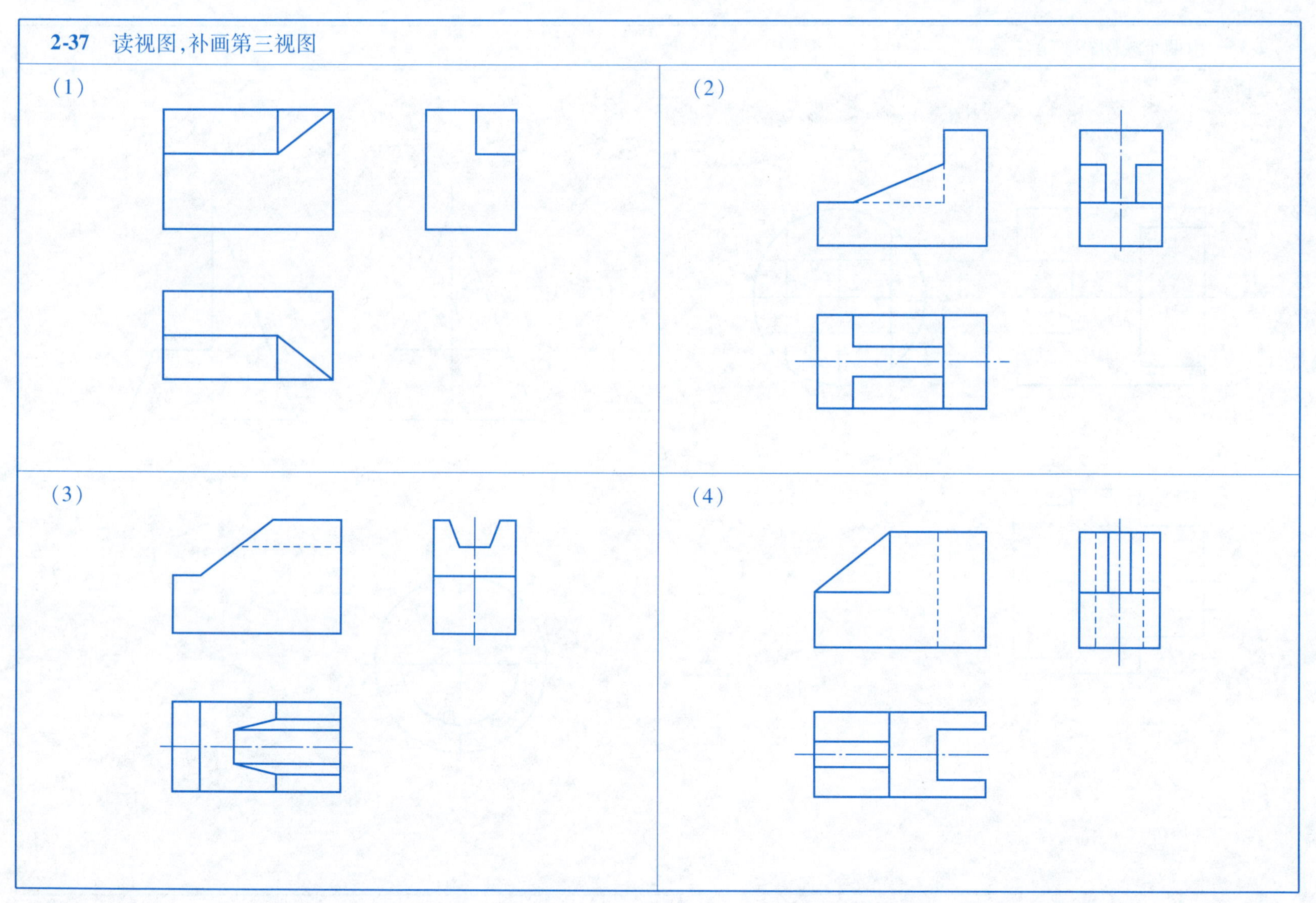

2-38 读视图，补画缺线

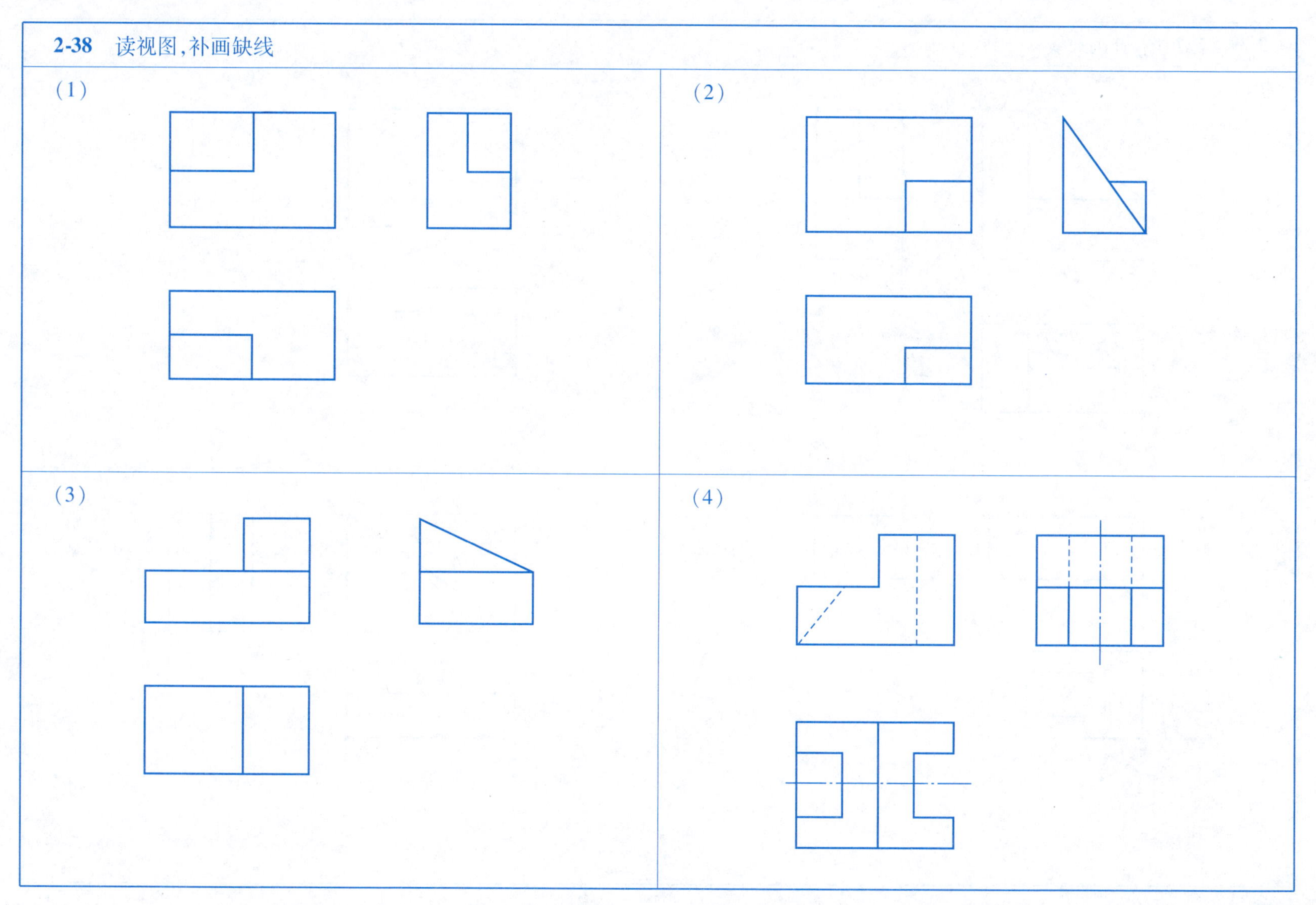

2-39 读视图，补画缺线

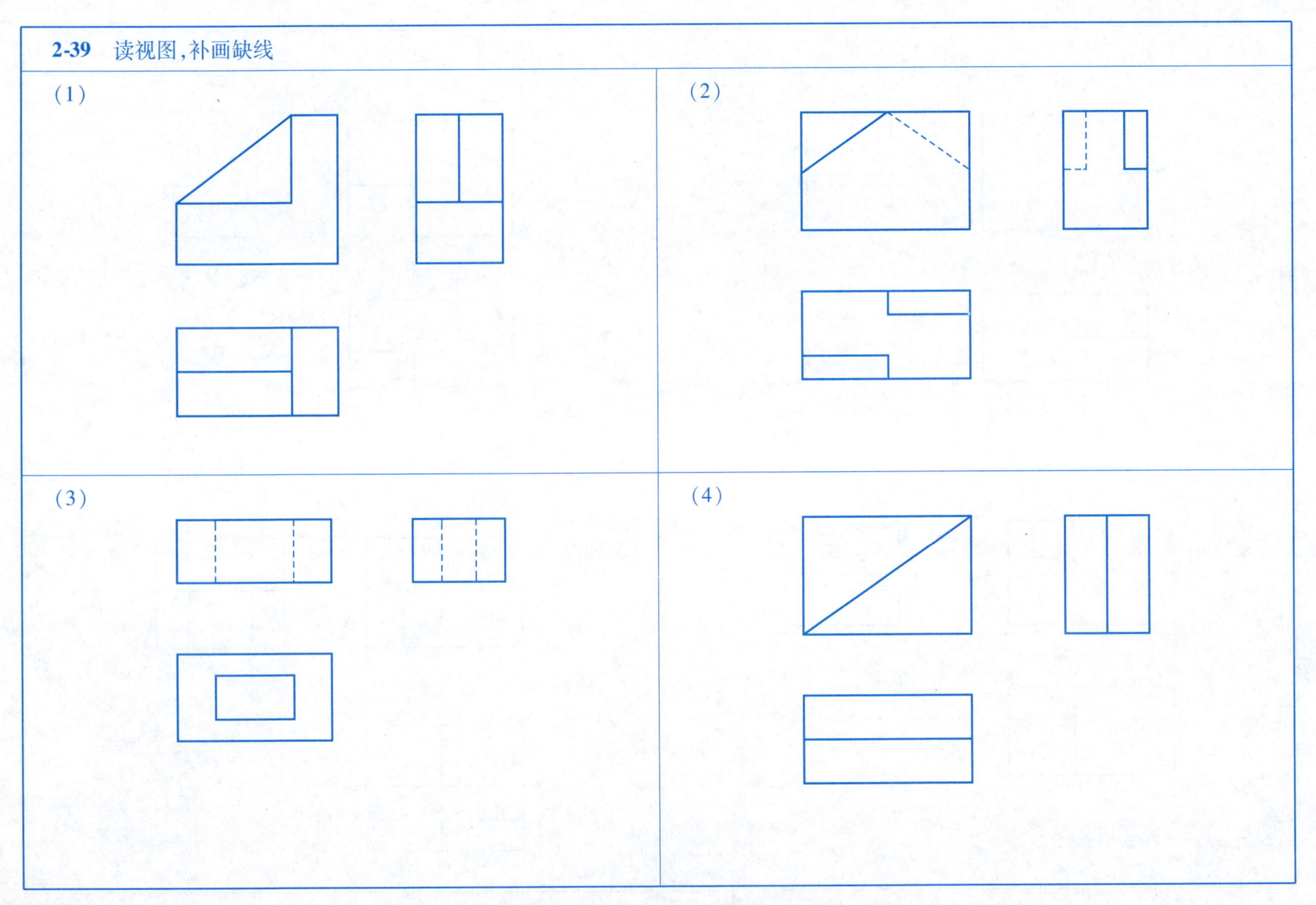

单元三　机件形状的表达方法

3-1　根据主、俯、左视图，补画右、后、仰三视图

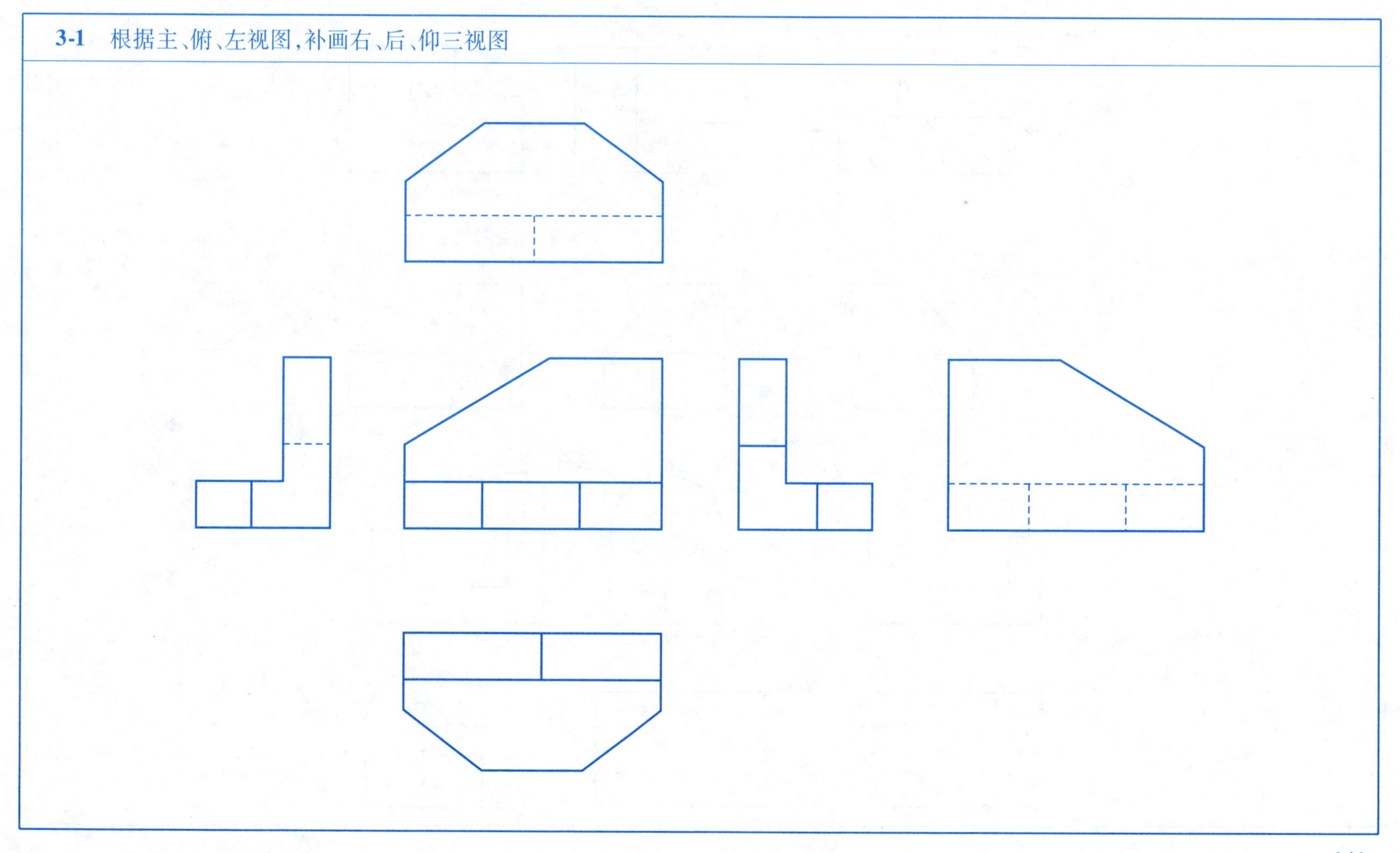

3-2 向视图

1. 根据左上角的主视图，辨认向视图，并对其进行标注。

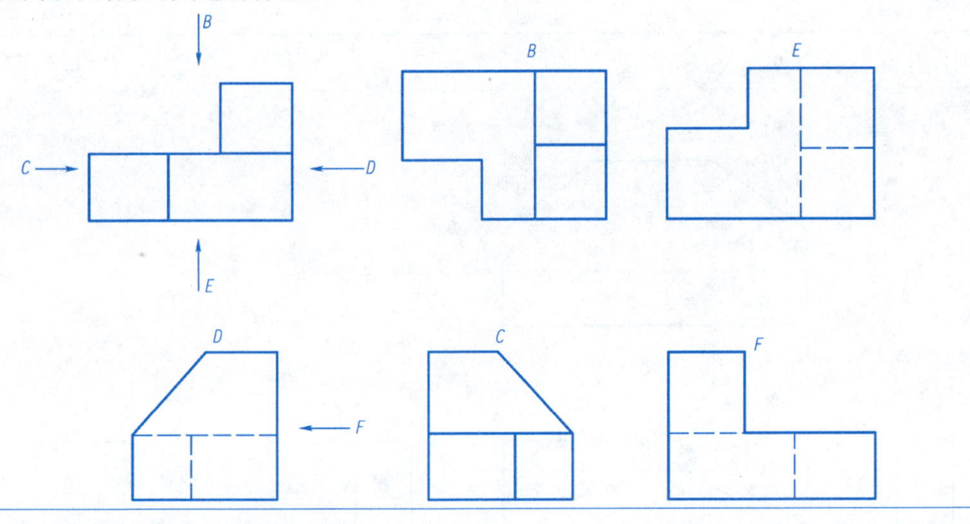

2. 根据主、俯、左三视图，按箭头所指补画向视图，并进行标注。

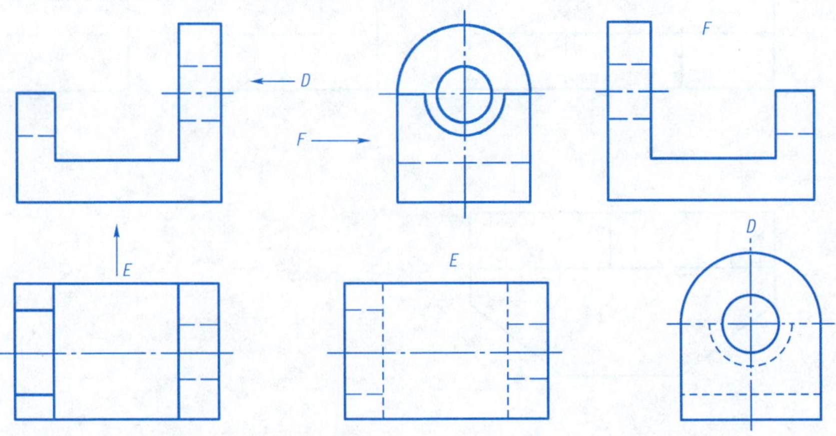

3-3 根据立体图补画斜视图和局部视图，并进行标注

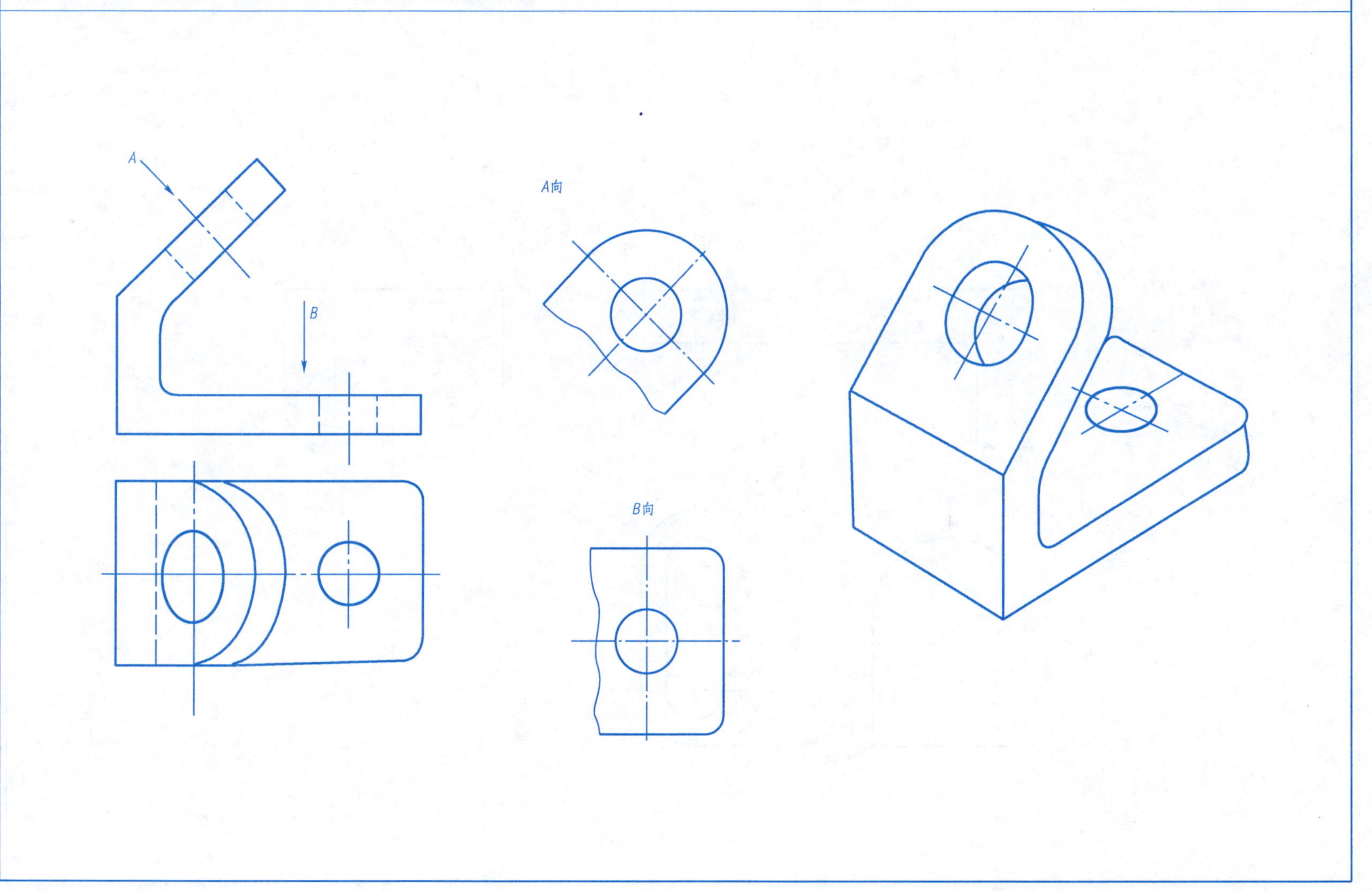

3-4 根据立体图和主视图，按箭头所指画局部视图和斜视图（按立体图上所注的尺寸，1:1 作图）

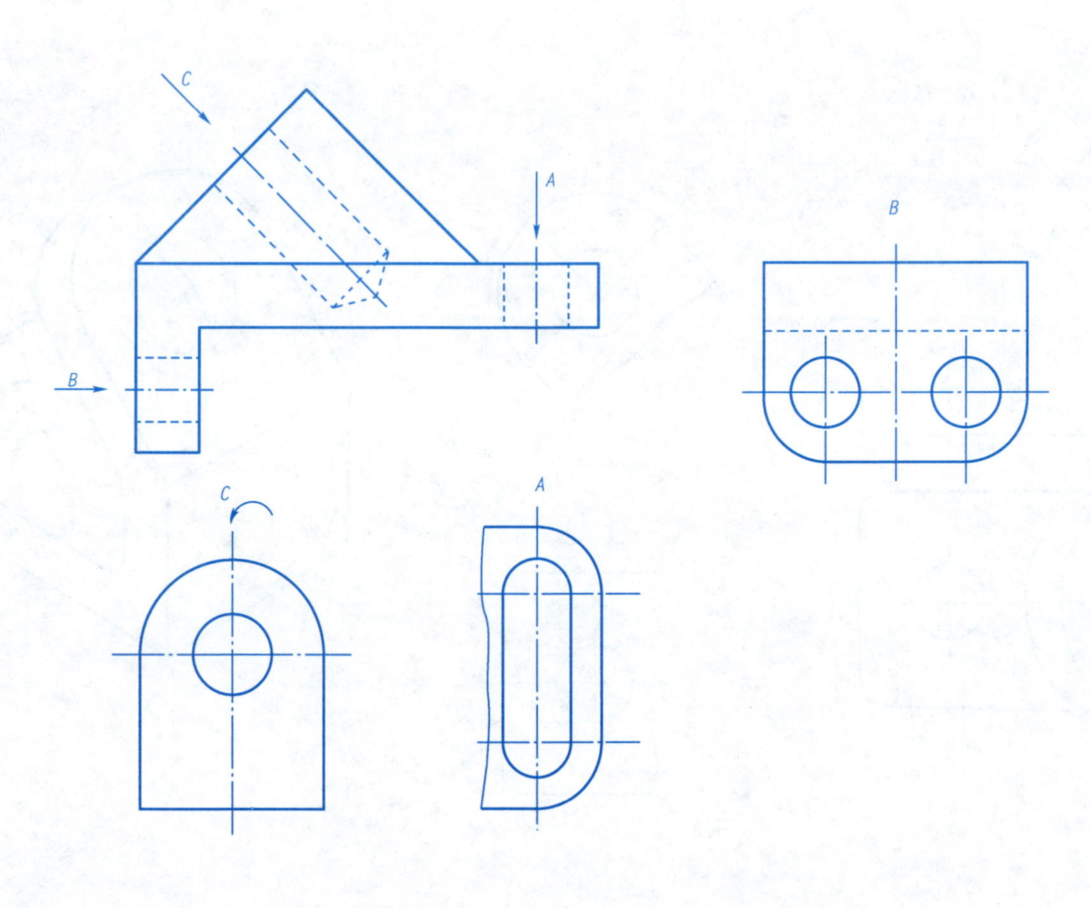

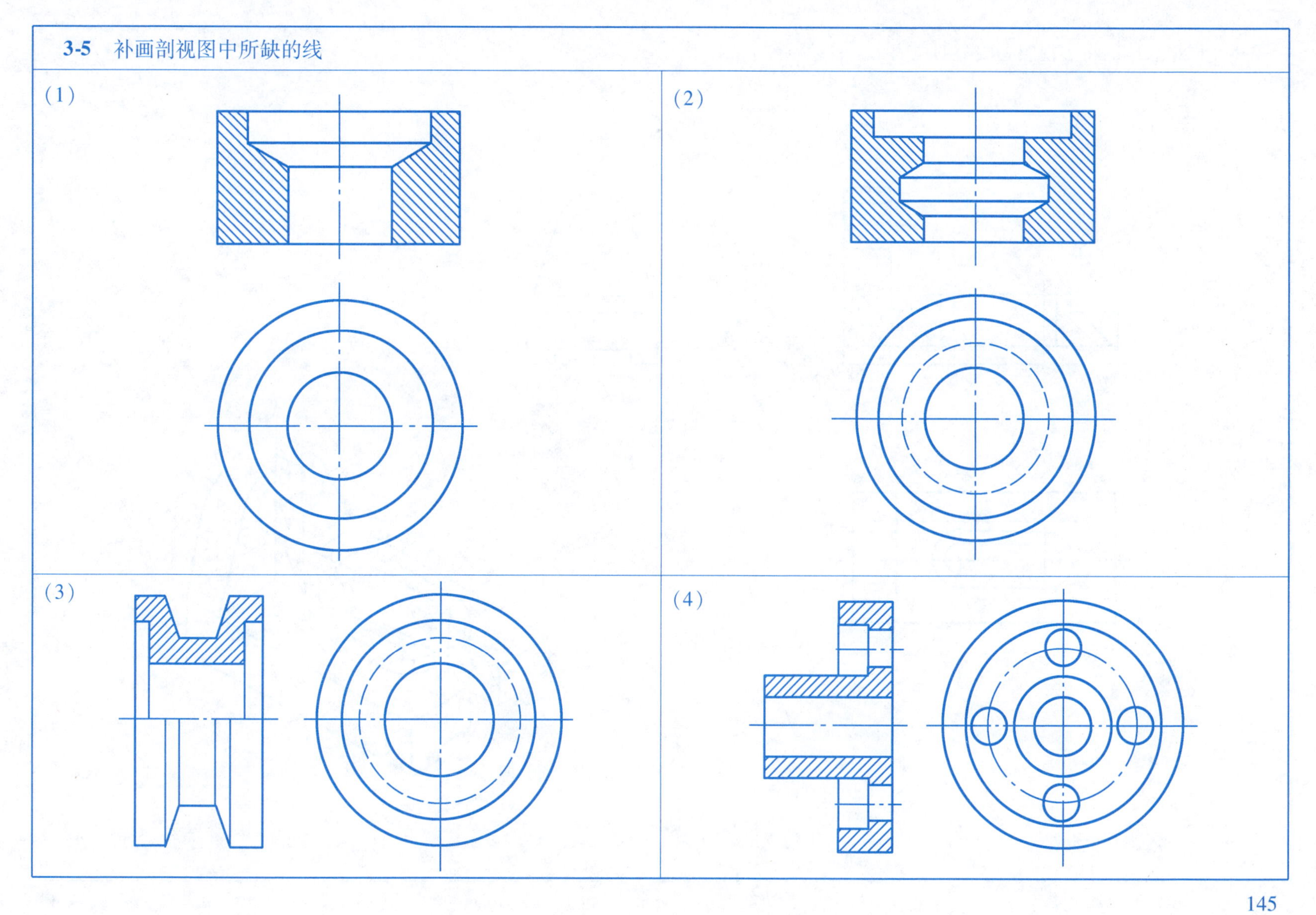
3-5 补画剖视图中所缺的线
(1)
(2)
(3)
(4)

3-6 根据立体图将主视图画成全剖视图

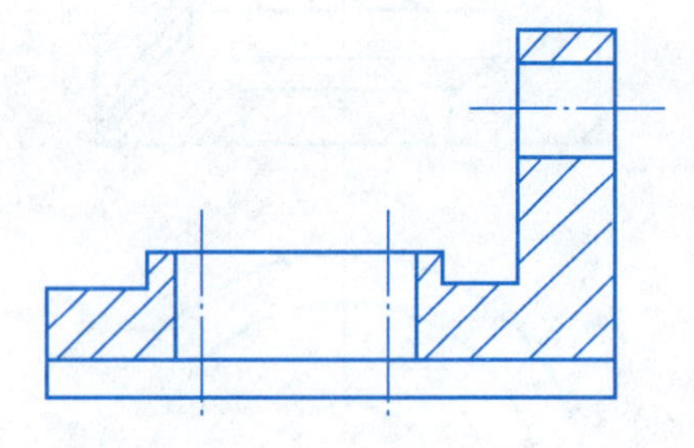

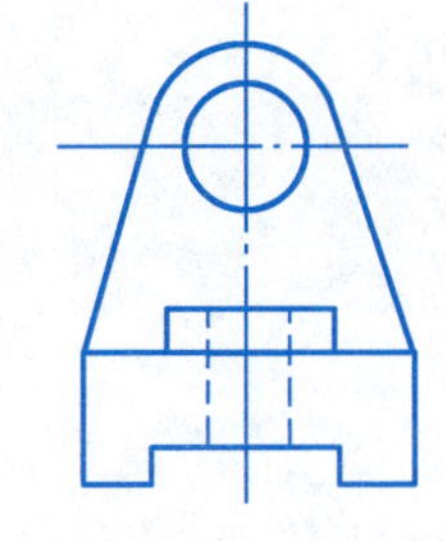

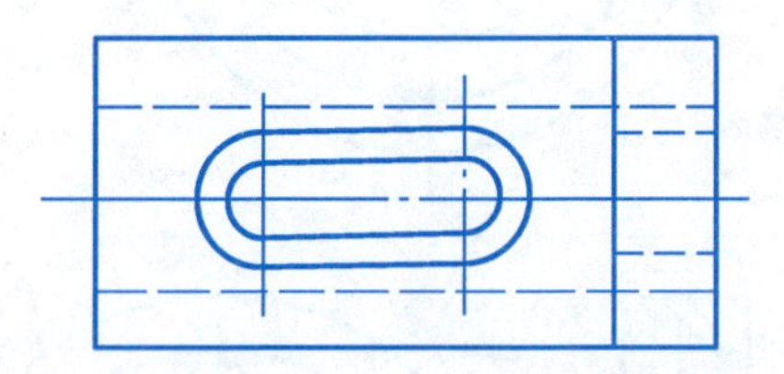

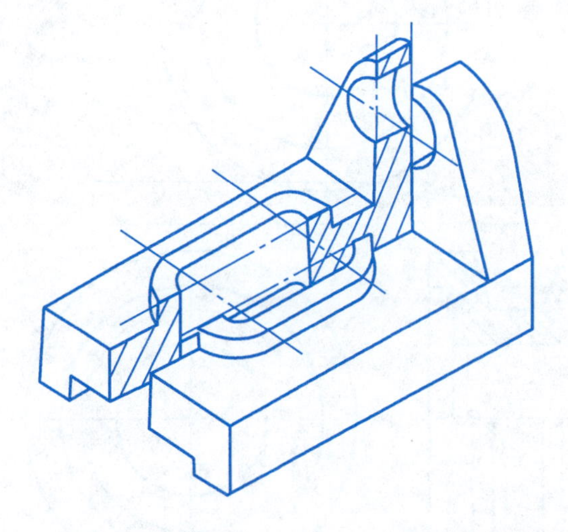

3-7　将主视图画成全剖视图

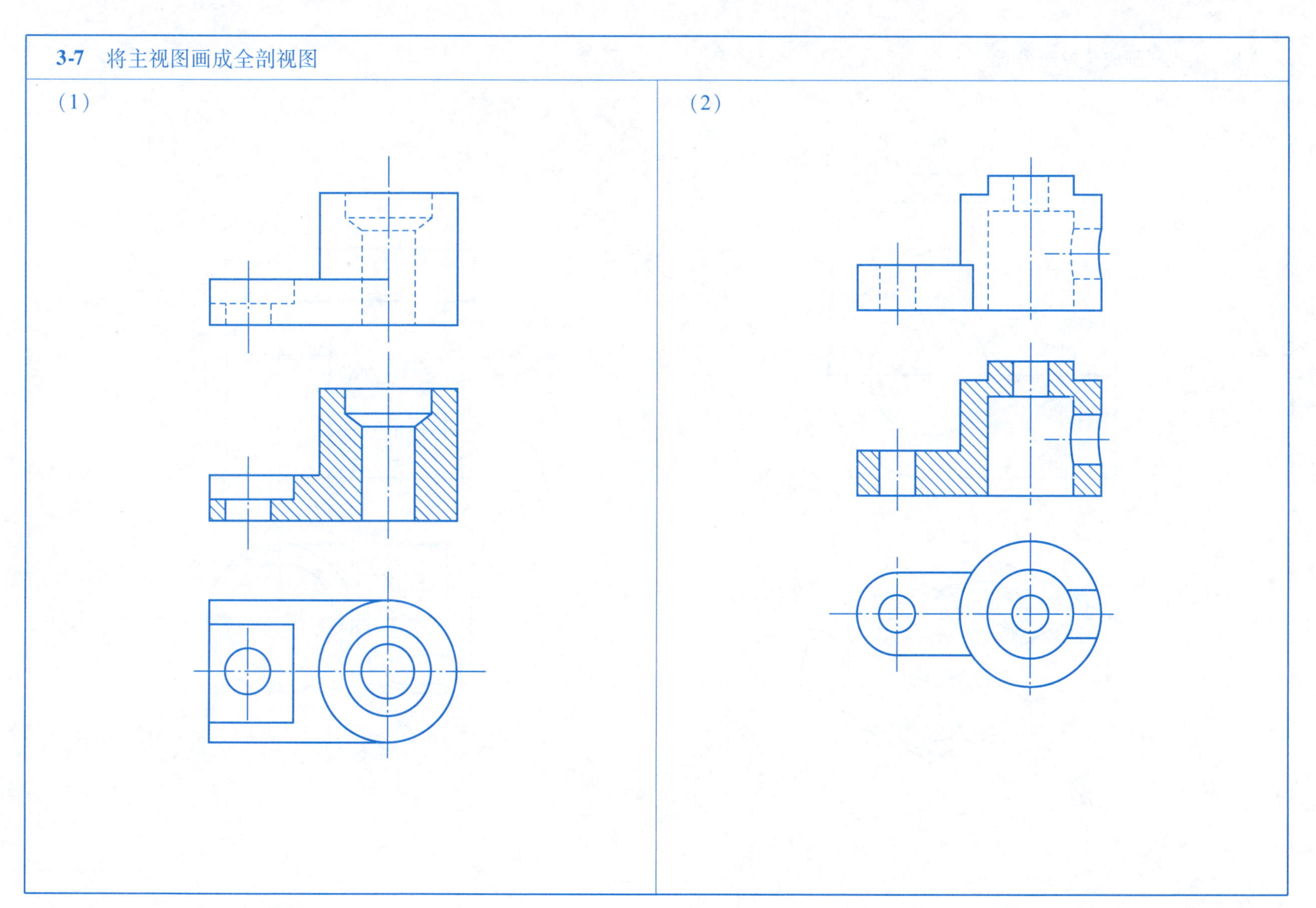

3-8 主视图画成阶梯剖视图

（1）

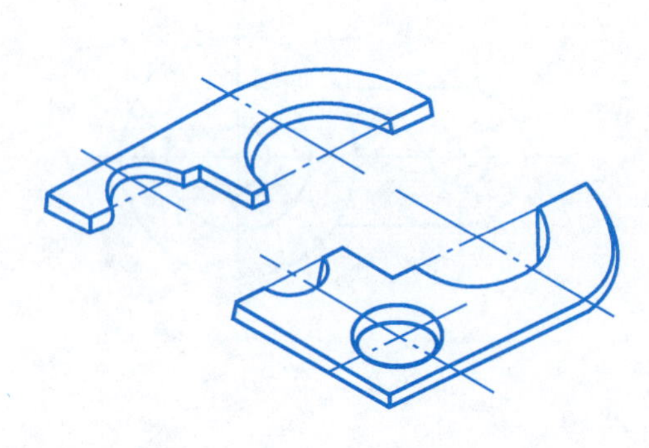

（2）

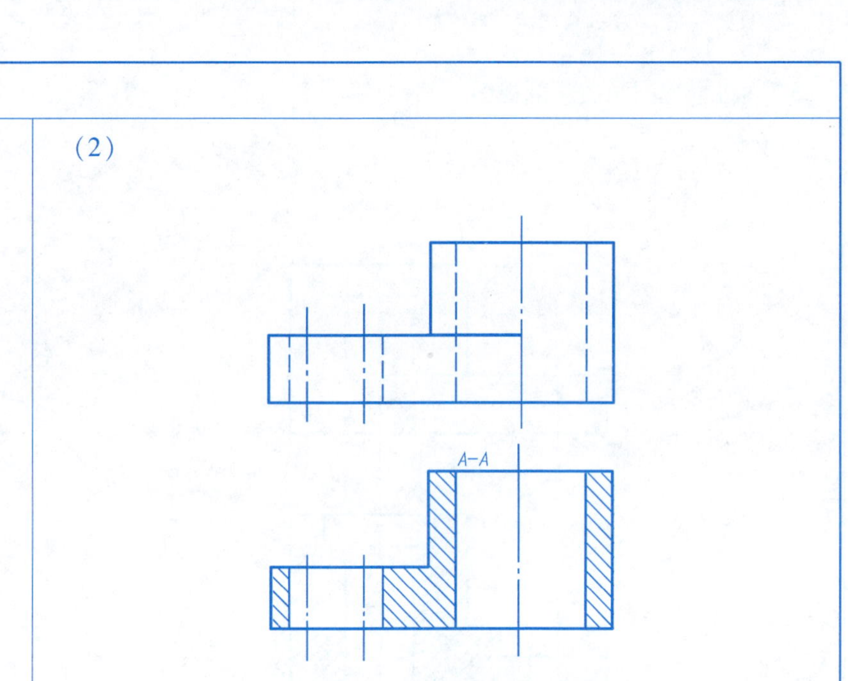

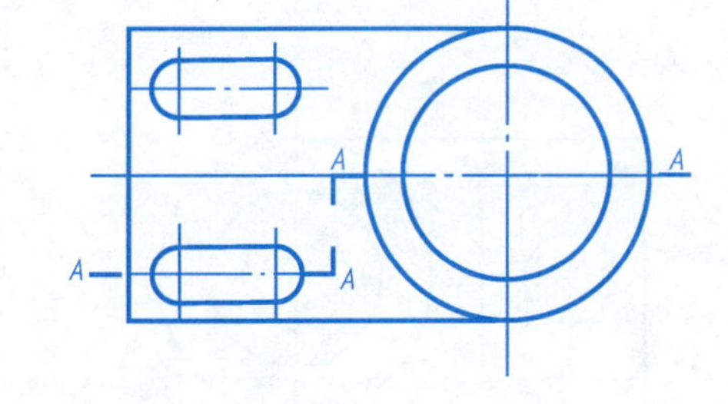

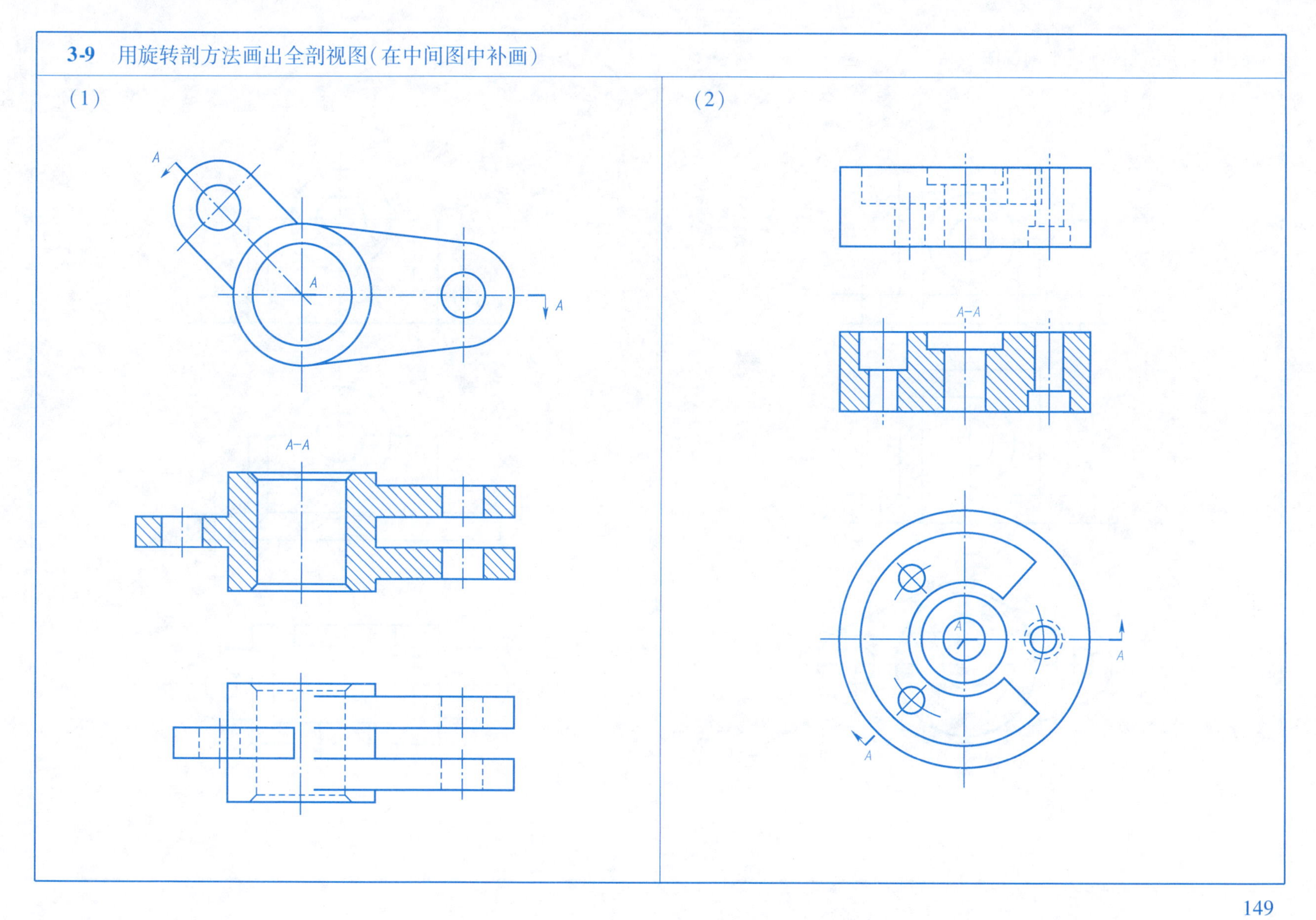
3-9 用旋转剖方法画出全剖视图(在中间图中补画)
(1)
A
A
A
A—A
(2)
A—A
A
A
A

3-10 将主视图画成半剖视图

（1）

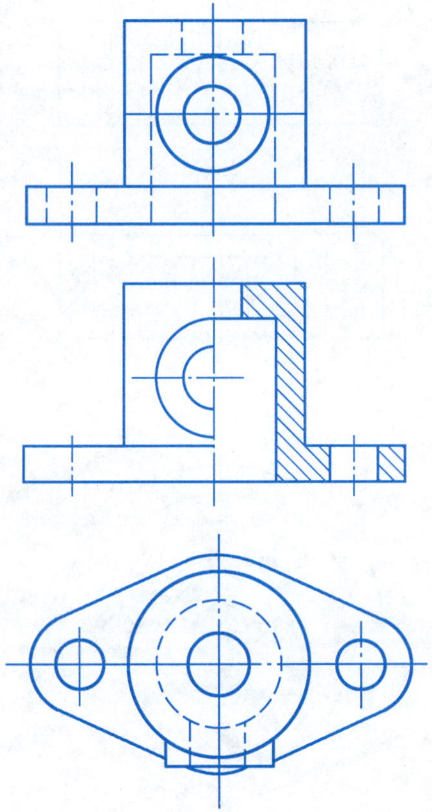

（2）

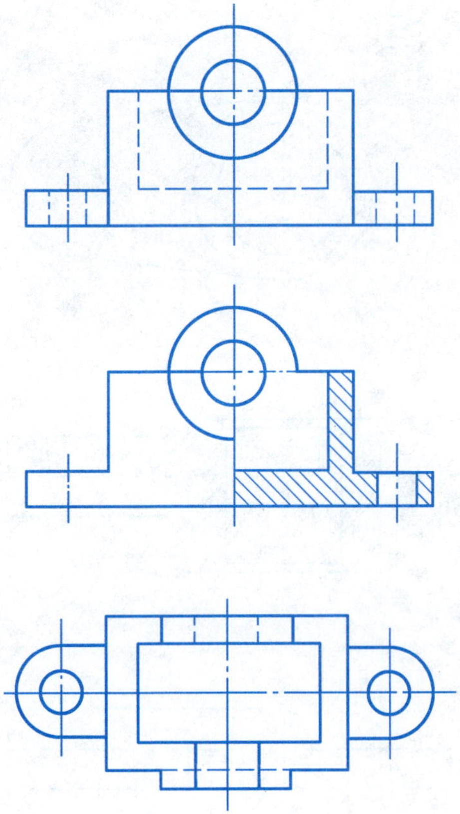

3-11 将给出的视图改画成局部剖视图

(1)

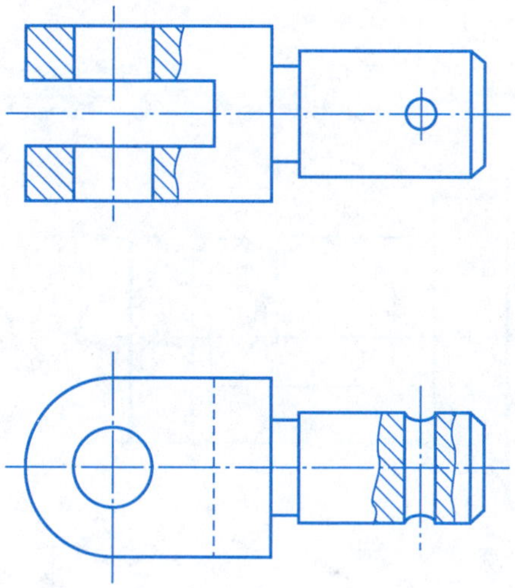

(2)

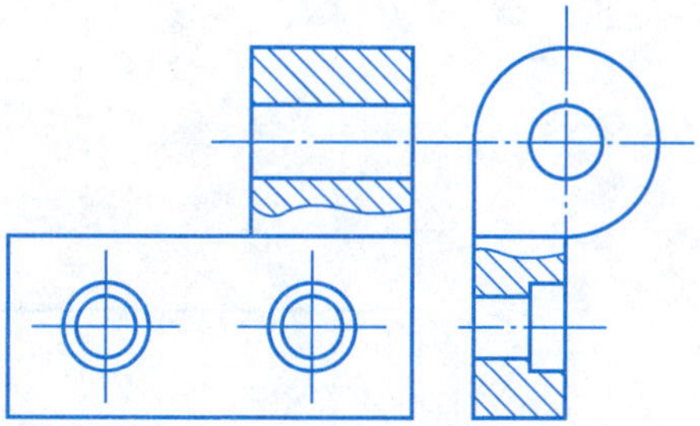

3-12 在指定位置作移出剖面图

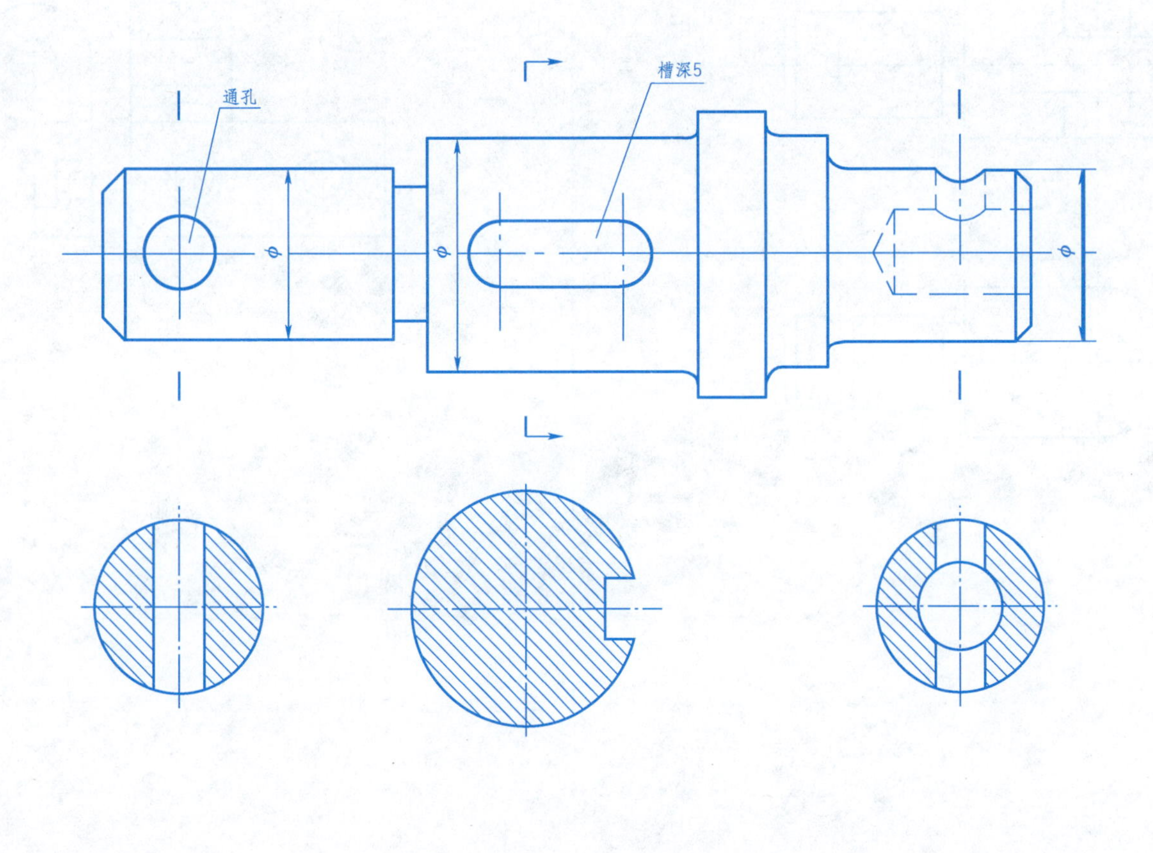

3-13 根据立体图及其剖切位置画重合断面图

根据立体图及其剖切位置画重合断面图

单元四 零 件 图

4-1 简答题

1. 一张完整的零件图包括哪些内容?

答:一张完整的零件图包括的内容:一组视图,尺寸标注,技术要求,标题栏。

2. 画零件图主视图时主要考虑哪些位置?

答:画零件图主视图时主要考虑零件的加工位置、工作位置和结构特征位置。

3. 零件图图样上标注的技术要求常包括哪些内容?

答:零件图图样上标注的技术要求常包括:表面粗糙度、形状公差、位置公差、公差与配合等内容。

4-2 表面粗糙度标注

1.

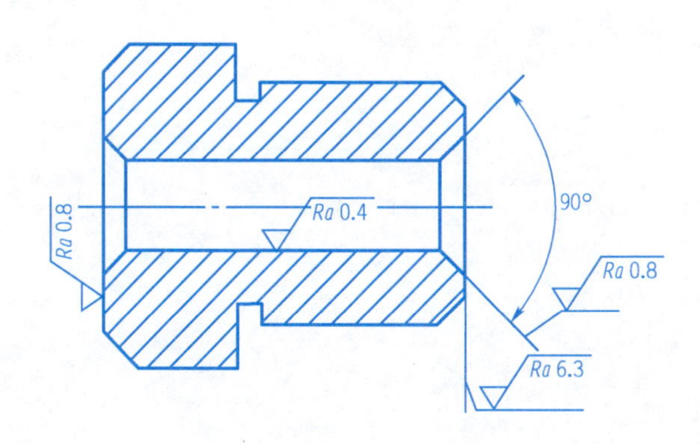

(1)内圆柱面 $\sqrt{Ra\ 0.4}$

(2)左端面 $\sqrt{Ra\ 0.8}$

(3)右端面 $\sqrt{Ra\ 6.3}$

(4)孔口倒角处 $\sqrt{Ra\ 0.8}$

2.

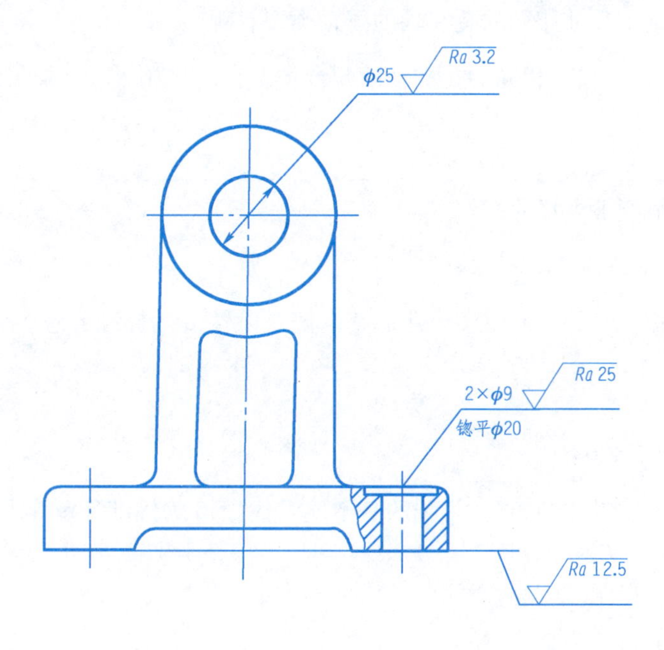

(1)Φ25 圆柱面为 $\sqrt{Ra\ 3.2}$

(2)底平面为 $\sqrt{Ra\ 12.5}$

(3) $\frac{2\times\Phi9}{锪平\ \Phi20}$ 为 $\sqrt{Ra\ 25}$

4-3 简答题

1. 基本尺寸相同的孔和轴的配合类型有哪些?

答:基本尺寸相同的孔和轴的配合类型有:间隙配合、过盈配合、过渡配合。

2. 解读下列尺寸

(1) Φ28H8

答:基本尺寸 Φ28,H 为孔的基本偏差代号,8 为标准公差等级。

(2) Φ68f6

答:基本尺寸 Φ68,f 为轴的基本偏差代号,6 为标准公差等级。

(3) Φ68H8/f6

答:一对配合的孔和轴的基本尺寸为 Φ68,H8:H 为孔的基本偏差代号,8 为标准公差等级。f6:f 为轴的基本偏差代号,6 为标准公差等级。

(4) Φ68(±0.01)

答:基本尺寸为 Φ68,上偏差为 +0.01,下偏差为 -0,01,最大极限尺寸 Φ68 +0.01 = Φ68.01, 最小极限尺寸 Φ68 -0.01 = Φ67.99。

4-4　形位公差的识读

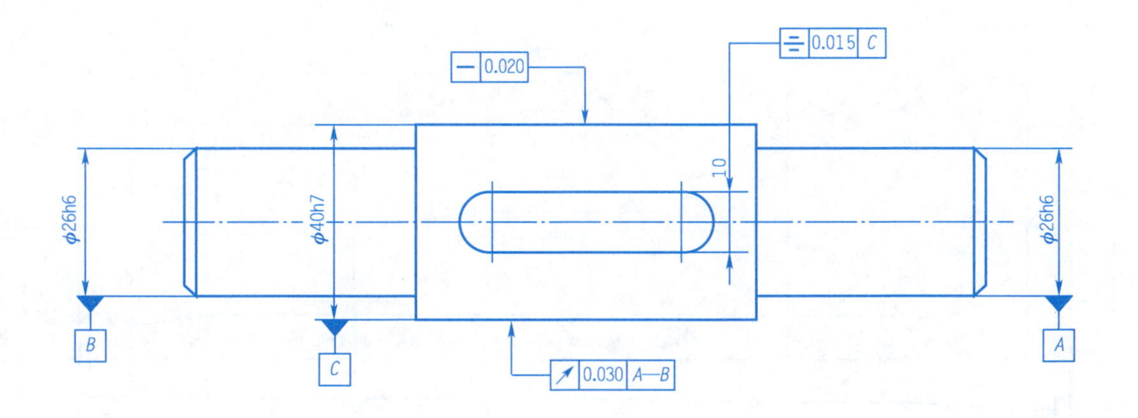

（1）解释[— | 0.020]的含义：被测要素是　Φ40 圆柱素线　，公差项目是　直线度　，公差值是　0.020　。

（2）解释[⌯ | 0.015 | C]的含义：被测要素是　键槽两侧面　，基准要素是　Φ40 轴线　，公差项目是　对称度　，公差值是　0.015　。

（3）解释[↗ | 0.030 | A—B]的含义：被测要素是　Φ40 圆柱面　，基准要素是　左端 Φ26 轴线 A 和右端 Φ26 的轴线 B　，公差项目是　圆跳动　，公差值是　0.030　。

4-5 读零件图做练习(一)

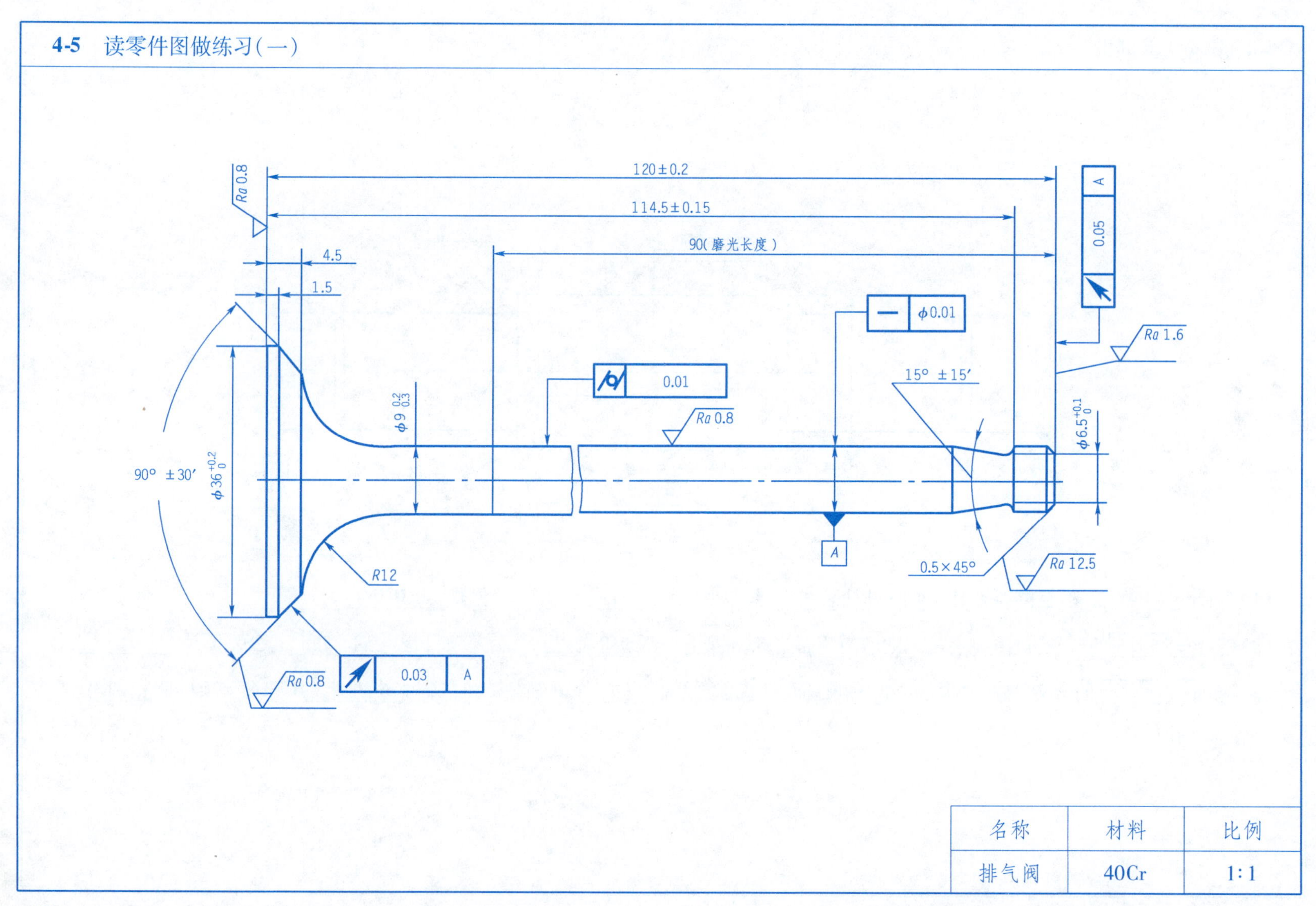

名称	材料	比例
排气阀	40Cr	1:1

4-5 读零件图做练习(二)

1. 零件采用几个视图表达,视图的名称是什么?

答:零件采用 1 个视图表达,视图的名称是主视图。

2. 图中为什么采用折断画法?

答:气门杆细长,且其直径不变。

3. 长度方向的尺寸基准是什么?是根据什么决定的?

答:排气阀头左端面是长度方向的主要尺寸基准。是根据图上所标注的尺寸起点决定的。

4. 解释尺寸 的含义,阀杆直径必须保持在哪个范围算合格?

答:基本尺寸是 Φ9,上偏差是 -0.2,下偏差是 -0.3,尺寸公差是 0.5,阀杆直径必须保持在 Φ8.7 - Φ8.8 之间算合格。

5. 解释下列形位公差意义

| ↗ | 0.03 | A |:阀头部工作面(圆锥面)对圆柱 Φ9 轴线的圆跳动公差为 0.03。

| — | φ0.01 |:圆柱 Φ9 轴线的直线度公差为 Φ0.01。

| ↗ | 0.05 | A |:阀杆右端面对圆柱 Φ9 轴线的圆跳动公差为 0.05。

| ⌭ | 0.01 | :阀杆(圆柱 Φ9)的圆柱度公差为 0.01。

4-6 读零件图做练习(一)

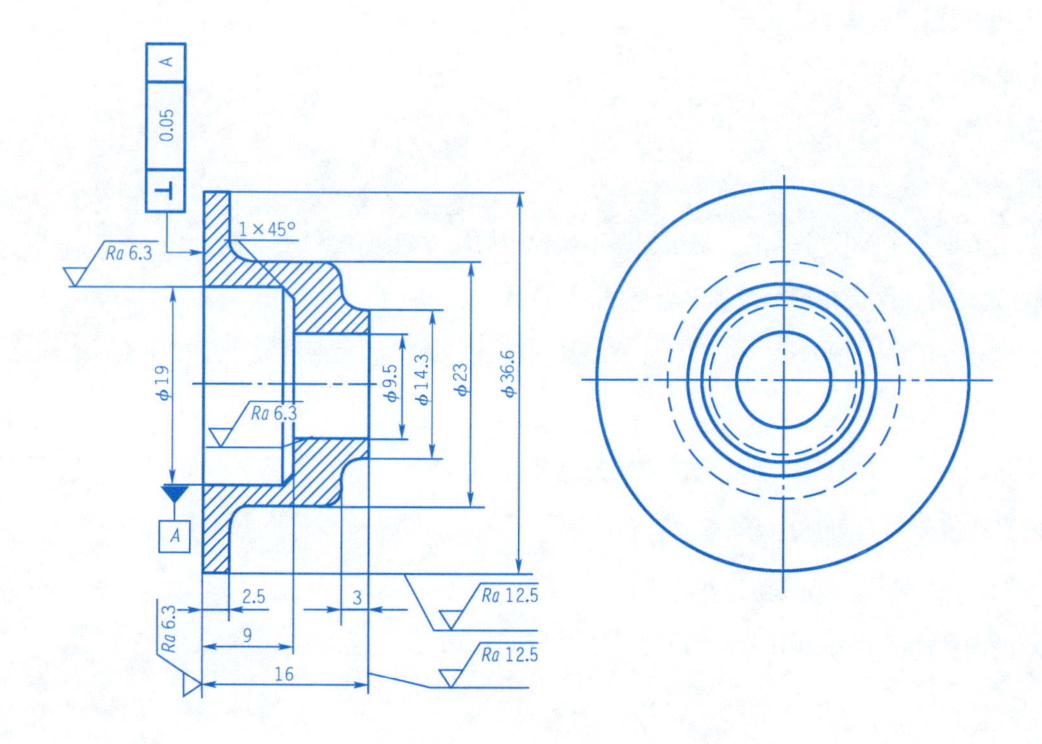

未注圆角 R2

名称	材料	比例
气阀弹簧座	T12	1:5

4-6 读零件图做练习(二)

气阀弹簧座读图要求:

1. 零件有 2 个视图表达,其中主视图采用 全剖 视图画出。

2. 左右方向的尺寸基准是左端面;上下和前后方向的尺寸基准是 Φ19 孔的轴线。

3. 解释 | ⊥ | 0.05 | A | 代号的含义:弹簧左端面对 Φ19 孔轴线的垂直度公差为0.05。

4. 左右两端面表面粗糙度有何要求?哪个端面比较重要?

左端面的表面粗糙度为 $\sqrt{Ra\ 6.3}$;右端面的表面粗糙度为 $\sqrt{Ra\ 12.5}$;左端面是长度方向的基准,是工作表面,表面加工精度要求高(*Ra* 数值成反比),所以左端面为尺寸的主要基准,比较重要。

4-7 读零件图做练习(一)

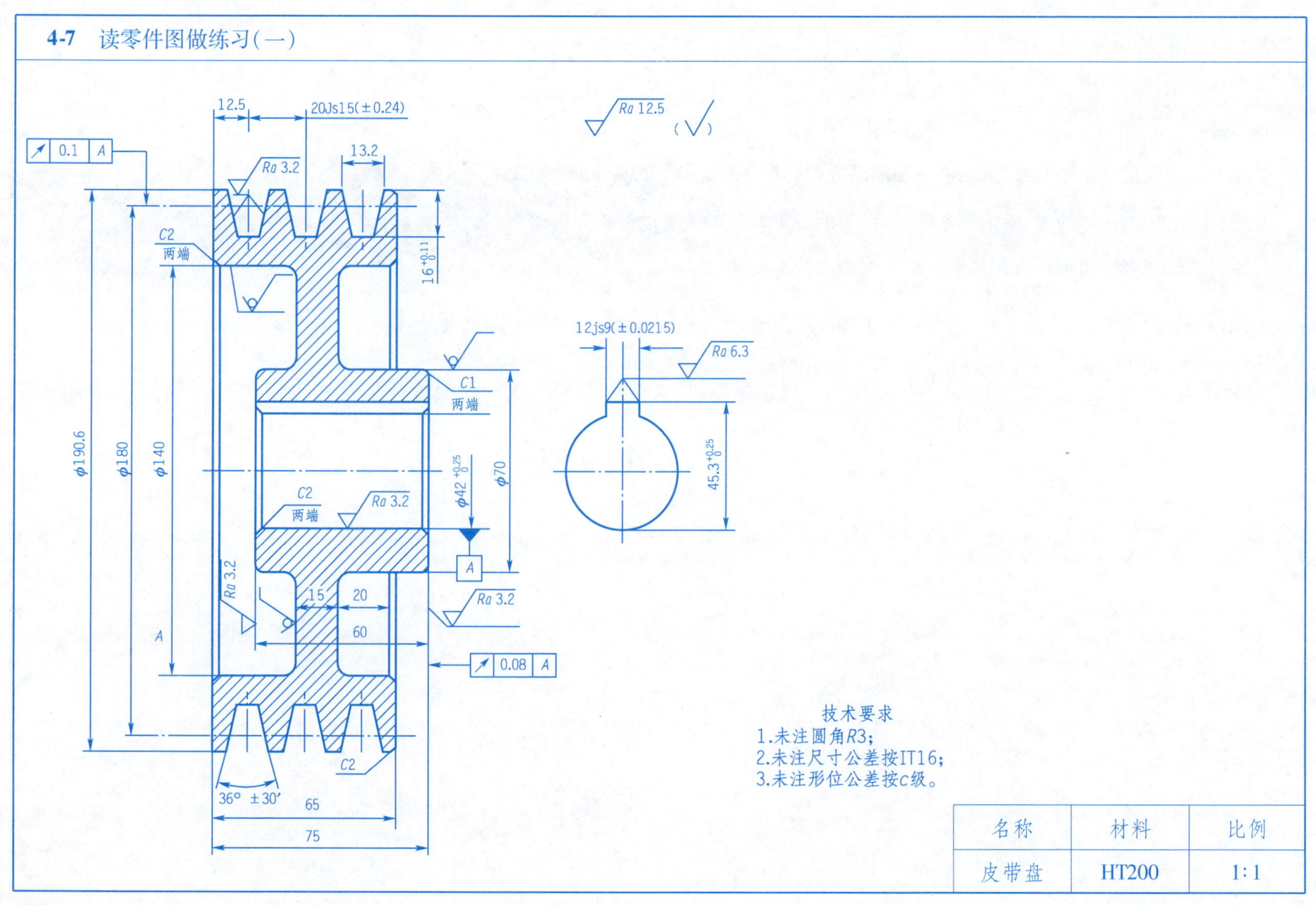
12.5
20Js15(±0.24)
13.2
0.1 A
Ra 3.2
Ra 12.5
(√)
C2
两端
$16^{+0.11}_{0}$
C1
两端
φ190.6
φ180
φ140
φ70
$φ42^{+0.25}_{0}$
C2
两端
Ra 3.2
A
Ra 3.2
Ra 3.2
15
20
60
0.08 A
36° ±30′
C2
65
75
12js9(±0.0215)
Ra 6.3
$45.3^{+0.25}_{0}$
技术要求
1.未注圆角R3;
2.未注尺寸公差按IT16;
3.未注形位公差按c级。
名称
材料
比例
皮带盘
HT200
1:1

4-7 读零件图做练习(二)

读图要求:

1. 这个零件的材料是 HT200 ,比例为 1:2 ,即零件实际尺寸比图形大 2 倍。

2. 零件具有三角皮带槽,其总体尺寸:总长 75mm ,总高尺寸 190.6mm ,总宽尺寸 190.6mm。

3. 查表得孔 Φ42H7 的上偏差 +0.025 ,下偏差 0 ,所以其最小极限尺寸为 Φ 42 ,最大极限尺寸为 Φ42.025 ,基本尺寸为 Φ42 。

4. | ↗ | 0.08 | A | 表示:被测要素是零件的 右端面 ,基准要素是 皮带轮 $\Phi 42^{+0.025}_{0}$ 轴线(皮带盘右端面对 Φ42H7 轴线的圆跳动公差为 0.08) 。

5. 零件的表面粗糙度为 3 种,其中最粗糙的 Ra = 12.5 μm。

4-8 读零件图做练习(一)

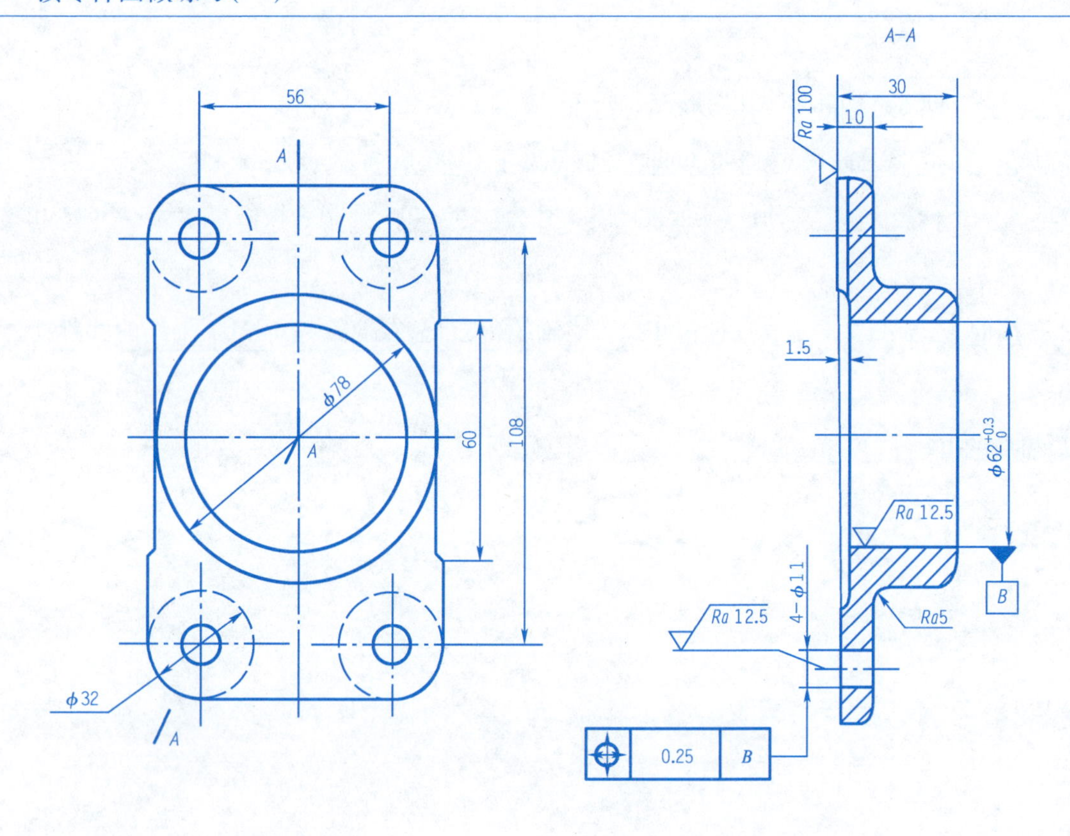

技术要求

1.未注明的铸造圆角均为R3;

2.铸造拔模斜度不大于3°。

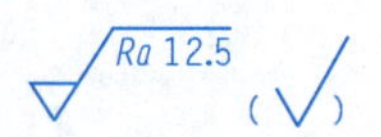

名称	材料	比例
牵引钩前支承座	QT400	1:2

4-8　读零件图做练习(二)

1. 零件名称叫＿牵引钩前支承座＿,材料为＿QT400(球墨铸铁)＿,作图比例为＿1:2＿。

2. 零件左视图采用的是＿相交剖切平面剖＿的剖视图。

3. 零件长度方向的尺寸基准是通过＿Φ78＿轴线,并是长度尺寸＿Φ56＿的对称平面;宽度方向尺寸基准是通过＿Φ78＿轴线并是高度尺寸＿60＿的对称平面。

4. Φ11 四孔的定位尺寸有＿56＿和＿108＿,定形尺寸为＿Φ 11＿mm。

5. 孔 $\Phi 62_{0}^{+0.30}$ 的最大极限尺寸是＿Φ62.30＿mm,最小极限尺寸为＿Φ62＿mm,公差为＿0.30＿mm,其表面粗糙度的 *Ra* 值为＿12.5＿μm。

6. |⌖|0.25|B|表示:基准要素是＿Φ62＿mm 孔轴线,被测要素是＿4－Φ11＿轴线,其各位置度公差值为＿0.25＿mm。

4-9 读零件图做练习(一)

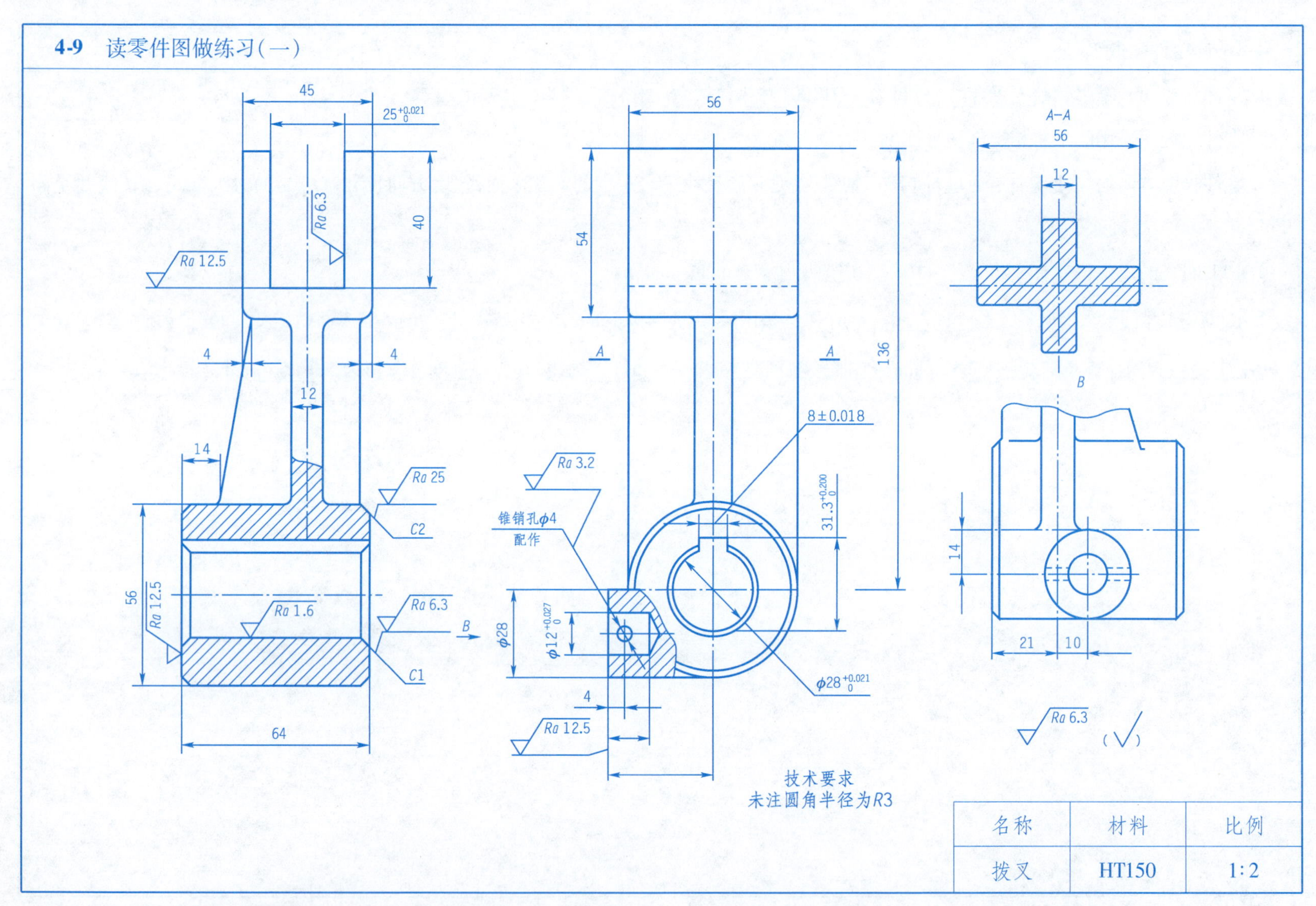

名称	材料	比例
拨叉	HT150	1:2

4-9 读零件图做练习(二)

1. 该零件的名称为 拨叉 ,材料为 HT150(灰口铸铁) ,基本形体是属于 叉架 类。该零件图采用的作图比例为 1:2 ,(其含义是 零件图上任一线段的长度等于零件上相应线段长度的1/2。)。

2. 该零件的结构形状共用 4 个图形表达,其中 主 、 左 、视图采用 局部 剖视,另外还用了 移出 剖面和一个 局部 视图。

3. 该零件上键槽的长度是 64 ,宽度为 8±0.018 ,深度为 3.3 。

4. $25_{0}^{+0.021}$ 表示其基本尺寸为 25 ,上偏差为 +0.021 ,下偏差 0 为,最大极限尺寸为 25.021 ,最小极限尺寸为 25.0 ,公差为 0.021 。

拨叉立体图

单元五　常用零件的画法

5-1　改正下列螺纹规定画法中的错误，并将正确的图画在下面空白处

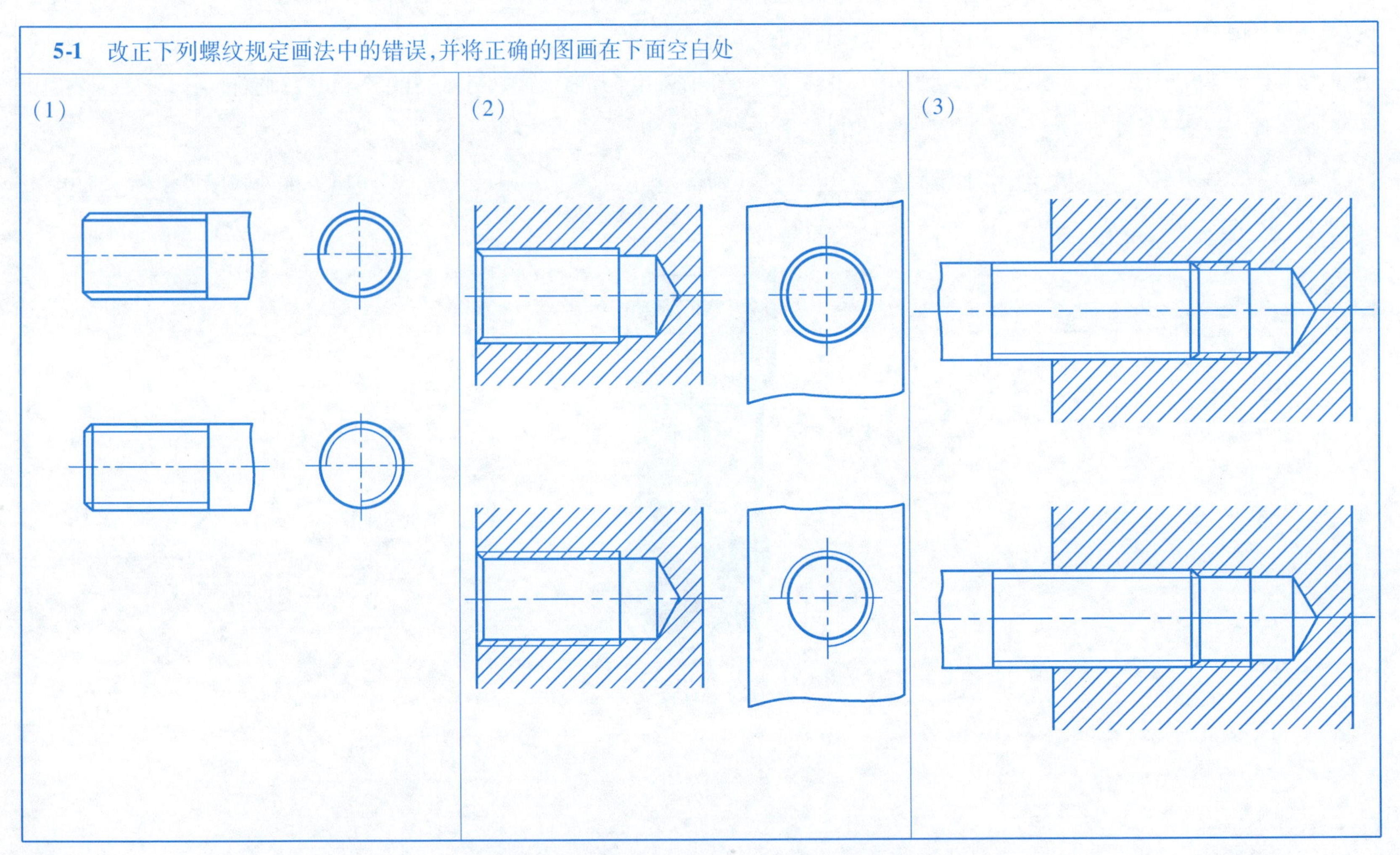

5-2 说明下列螺纹代号的含义

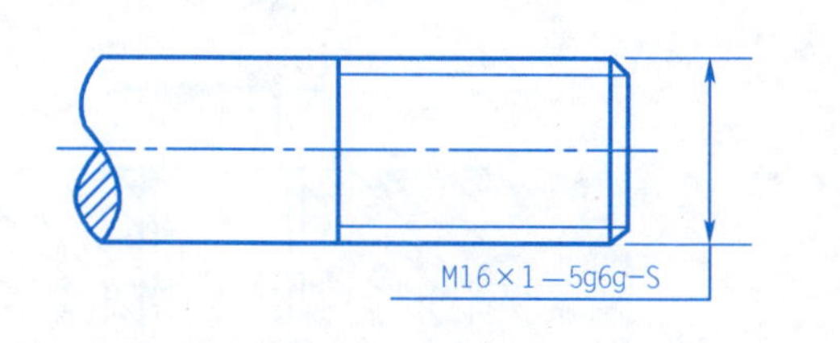	M16 ×1 -5g6g -s 表示细牙普通外螺纹，公称直径为16，螺距为1，右旋，中径公差带为5g，顶轻公差带为6g，短旋合长度。
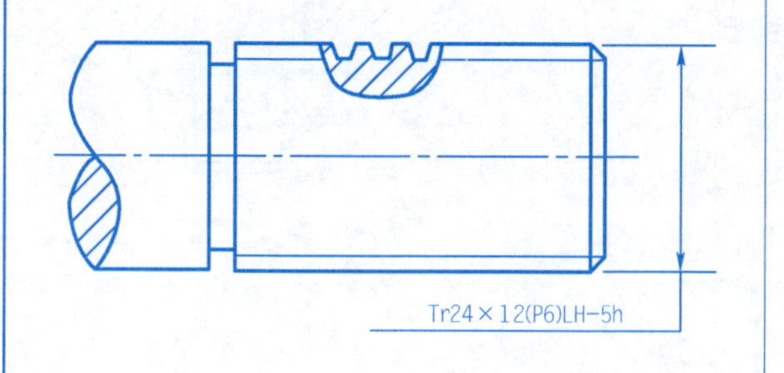	Tr24 ×12(6)LH -5h 表示梯形螺纹，公称直径为24，螺距为6，导程为12，左旋，中径公差带为5h，中等旋合长度。
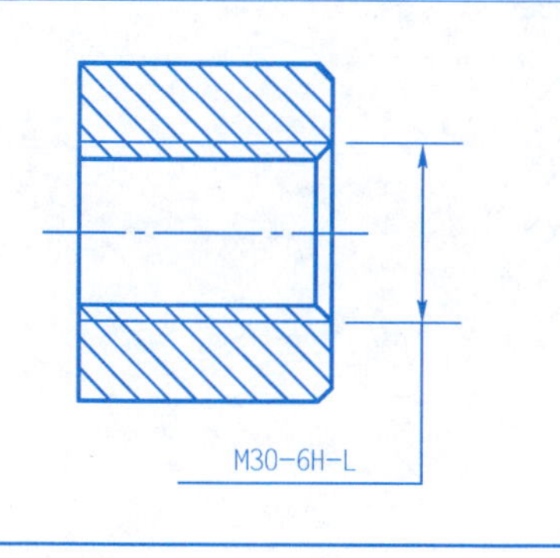	M30 -6H -L 表示粗牙普通内螺纹，公称直径为30，右旋，中径、顶径公差带均为6H，长旋合长度。

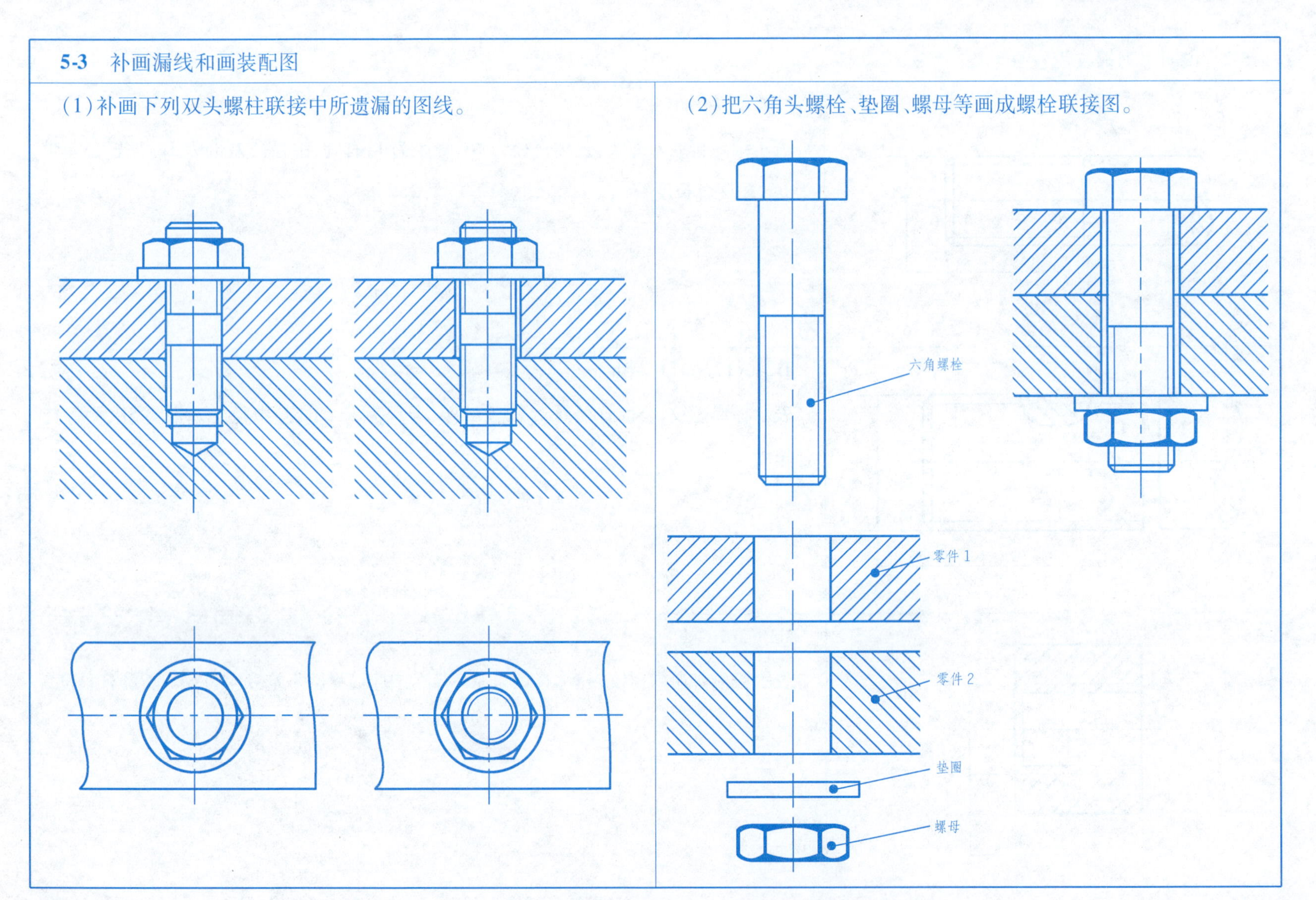
5-3 补画漏线和画装配图
(1)补画下列双头螺柱联接中所遗漏的图线。
(2)把六角头螺栓、垫圈、螺母等画成螺栓联接图。
六角螺栓
零件 1
零件 2
垫圈
螺母

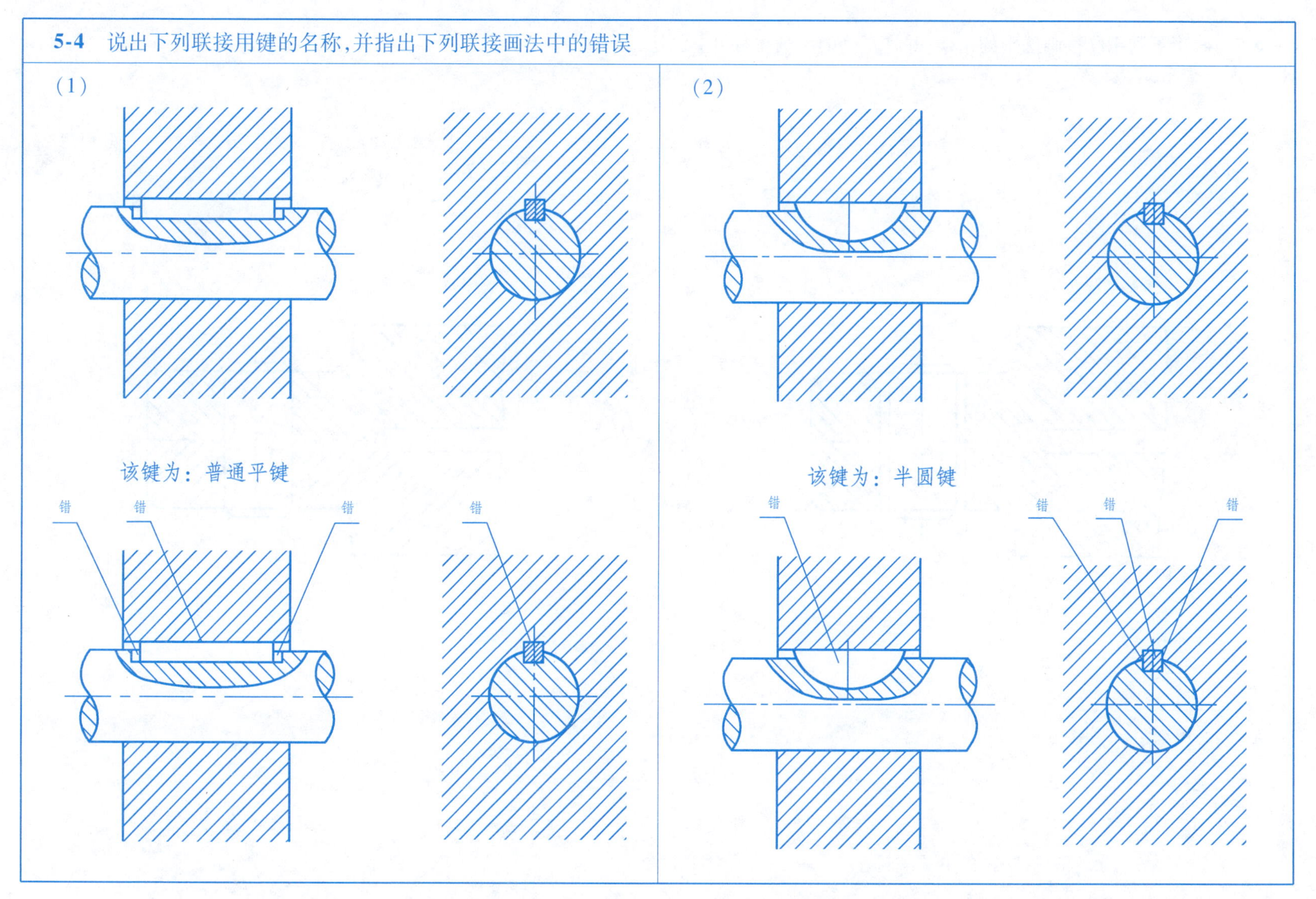
5-4 说出下列联接用键的名称，并指出下列联接画法中的错误
(1)
(2)
该键为：普通平键
该键为：半圆键
错
错
错
错
错
错
错
错

5-5 改正下列销联接画法中的错误，并将正确的图画在右边空白处

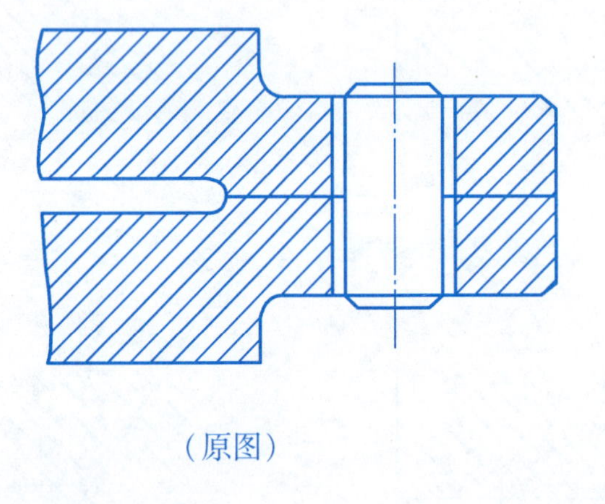

（原图）

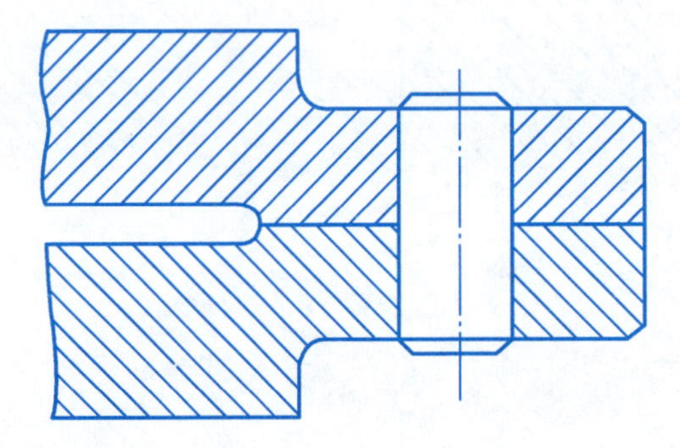

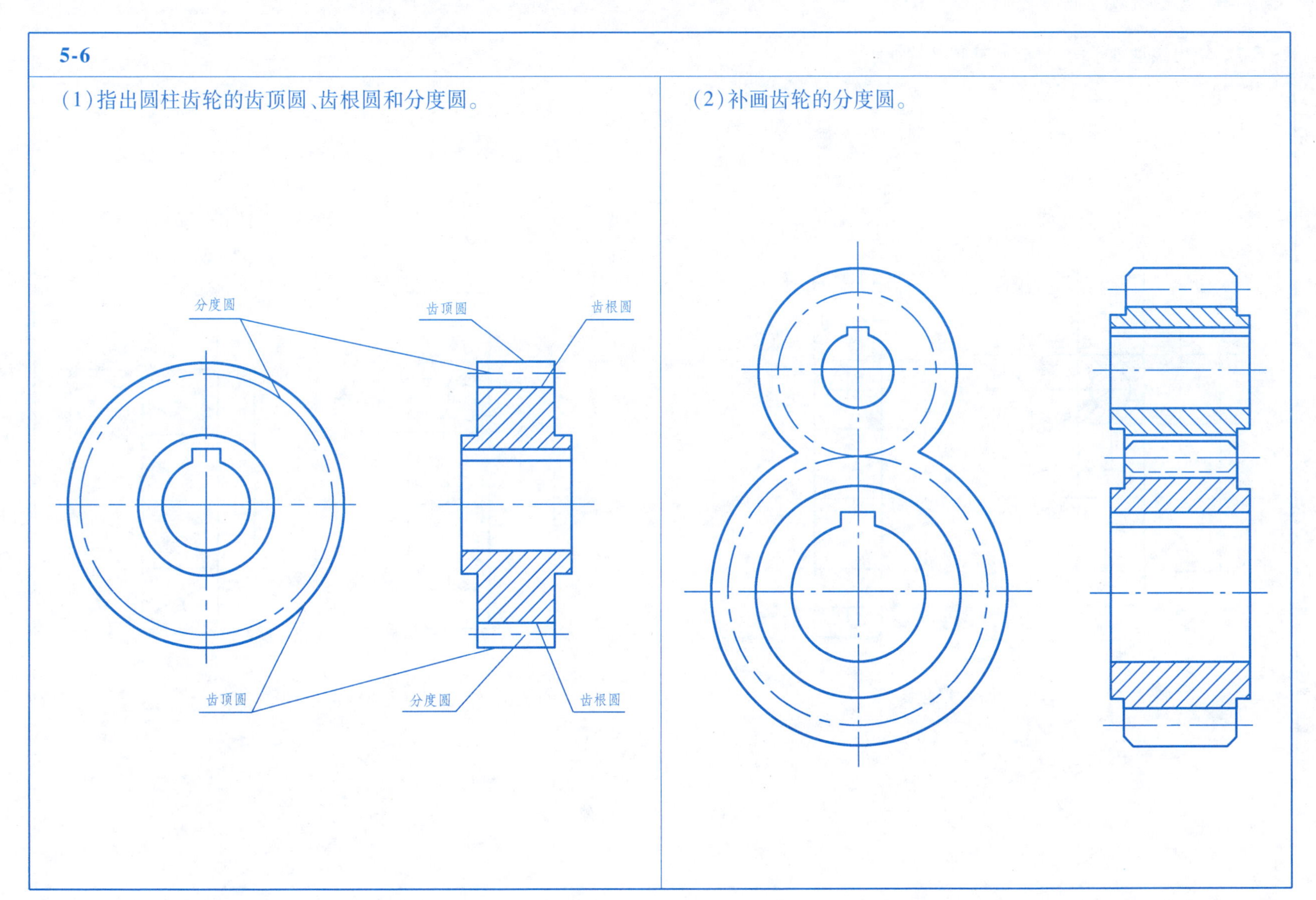
5-6
(1)指出圆柱齿轮的齿顶圆、齿根圆和分度圆。
分度圆
齿顶圆
齿根圆
齿顶圆
分度圆
齿根圆
(2)补画齿轮的分度圆。

5-7 说出滚动轴承的名称，并补画其特征画法

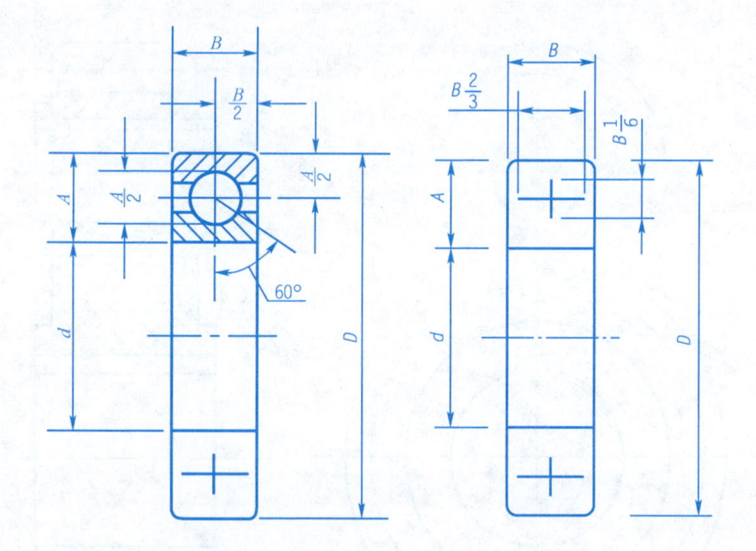

名称：深沟球轴承

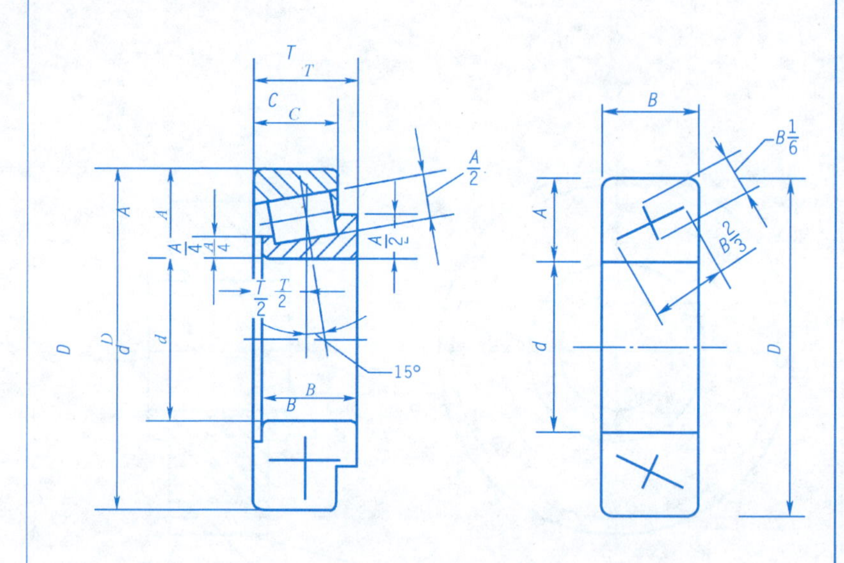

名称：圆锥滚子轴承

单元六 装配图

6-1 识读装配图，并填空

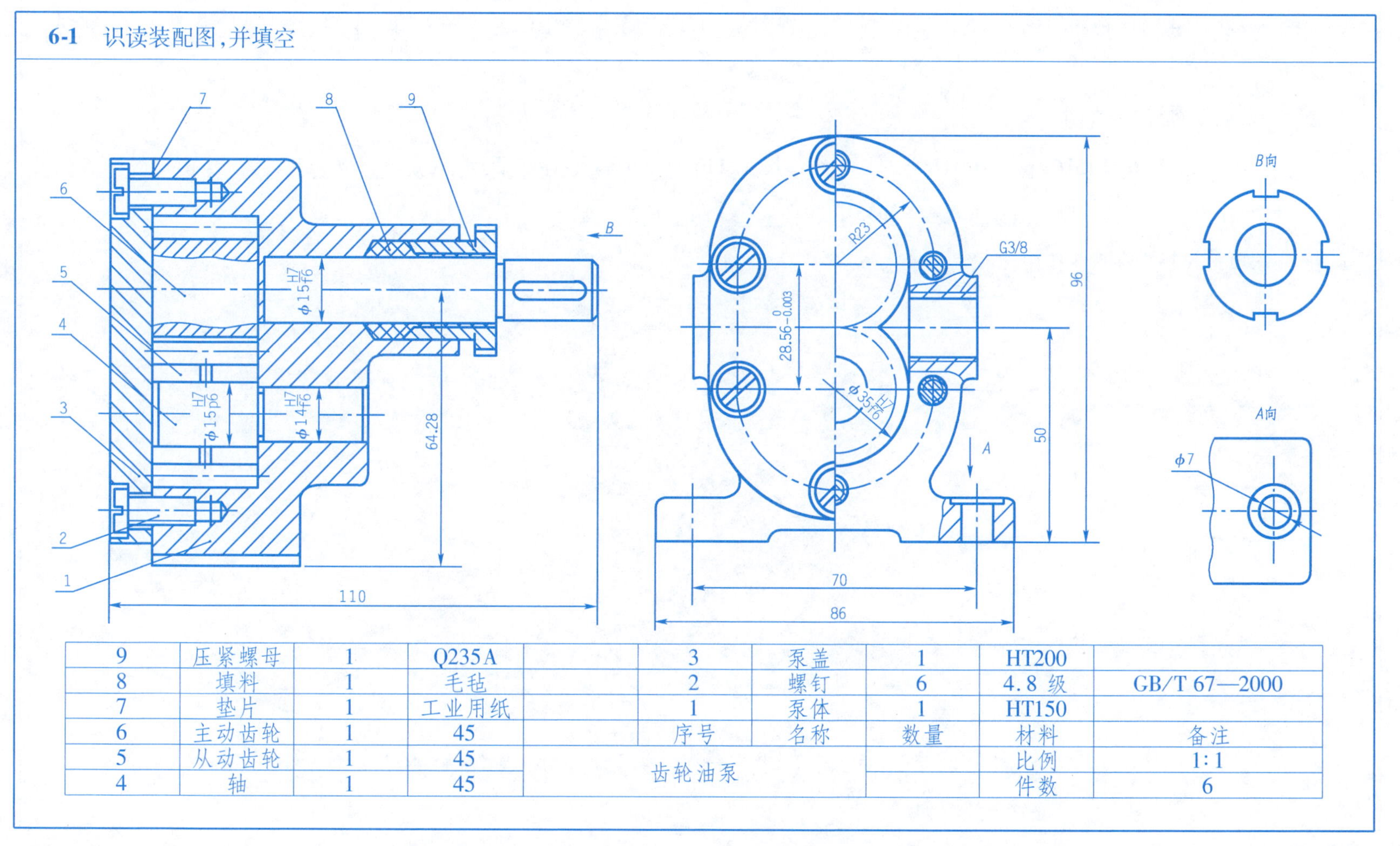

9	压紧螺母	1	Q235A		3	泵盖	1	HT200	
8	填料	1	毛毡		2	螺钉	6	4.8 级	GB/T 67—2000
7	垫片	1	工业用纸		1	泵体	1	HT150	
6	主动齿轮	1	45		序号	名称	数量	材料	备注
5	从动齿轮	1	45	齿轮油泵				比例	1:1
4	轴	1	45					件数	6

6-2 看懂齿轮油泵的装配图后填空

1. 该装配体的名称是__齿轮油泵__，比例是__1:1__，共有__9__种(14 个)零件组成。

2. 该装配图由__4__个 视图组成，主视图采用__全剖__视图和__1__个局部剖视图，左视图采用__半剖__视图和__2__个__局部剖__视图表达。

3. A 向、B 向是__局部__视图。

4. 图中尺寸 Φ15H7/f6、Φ15H7/p6、Φ14H7/f6 是__配合__尺寸，110、86、96 是__总体__尺寸；70 是__安装__尺寸。

5. Φ15H7/p6 表示__基孔__制__过盈__配合。Φ35H7/f__基孔__制__间隙__配合。

6. 垫片 7、填料 8 起__密封__作用。

参考文献

[1] 中华人民共和国国家质量监督检验检疫总局. 机械制图 图样画法 视图[S](GB/T 4458.1—2002).

[2] 胡建生. 机械制图[M]. 北京:机械工业出版社,2013.

[3] 袁世先,邓小君. 机械制图[M]. 北京:北京理工大学出版社,2010.

[4] 金大鹰. 机械制图[M]. 北京:机械工业出版社,2003.

[5] 钱可强. 机械制图[M]. 北京:化学工业出版社,2002.

[6] 张永高. 机械制图[M]. 北京:人民交通出版社,1999.